四方华文

协利来
您终生的赢利顾问

爪◎编著

生产／现场／管理／系列／丛／书

切，但没有安全就没有一切。

场指挥的一把手，更是安全生产的第一责任人。

故都是可以预防的，

遏安全生产管理的要领。

班组长如何

保安全

第2版

● 企业经理人的生产实践经验汇编

● 班组长必备的生产管理实用手册

★ 一部**铸造**安全之盾的大全

★ 一部消除事故隐患的**枕边书**

经济管理出版社
ECONOMY & MANAGEMENT PUBLISHING HOUSE

图书在版编目（CIP）数据

班组长如何保安全/黄杰编著. —2 版. —北京：经济管理出版社，2014.10
（精益生产现场管理系列丛书）
ISBN 978-7-5096-3224-6

Ⅰ.①班… Ⅱ.①黄… Ⅲ.①生产小组—工业企业管理—安全管理 Ⅳ.①F406.6

中国版本图书馆 CIP 数据核字（2014）第 155629 号

组稿编辑：胡　茜
责任编辑：勇　生　胡　茜
责任印制：黄章平
责任校对：吴　霞　超　凡

出版发行：经济管理出版社
　　　　　（北京市海淀区北蜂窝 8 号中雅大厦 A 座 11 层　100038）
网　　址：www. E-mp. com. cn
电　　话：（010）51915602
印　　刷：三河市延风印装厂
经　　销：新华书店
开　　本：710mm×1000mm/16
印　　张：15.25
字　　数：274 千字
版　　次：2014 年 10 月第 2 版　　2014 年 10 月第 1 次印刷
书　　号：ISBN 978-7-5096-3224-6
定　　价：46.00 元

第二版总序

优胜劣汰是自然界亘古不变的铁律，也是企业永远无法逃避的魔咒。然而，在这不变的魔咒下，企业还要承受全球性的金融危机以及数量不断上升的安全事故的侵袭。

利润空间缩小、订单大量缩水、事故率不断攀升、冗员……面对诸多的内忧外患，企业在不良状态中倍受煎熬。对于制造型企业而言，其生存无外乎取决于管理和市场/产品两个要素。

然而，市场/产品离不开有效、科学的管理。一旦管理失衡，市场/产品即将失去生存的空间，更不可能与对手展开竞争角逐。因为产品的设计、生存、销售等一系列生产环节都将在管理中实现，所以生产现场的开发、生产及销售既是整个制造业管理的重心，也是改善的源头。

众所周知，成功的原因可以各不相同，但失败的原因从来都类似。在世界经济的大棋盘中，轰然倒塌的企业都存在一个必然因素——管理漏洞。

2013年5月31日，中储粮管理失误引起大火，导致上千万元的损失。

2013年6月3日，吉林宝源丰禽业有限公司安全失控导致爆炸，造成百余人遇难。

同年，杭州沃尔玛山姆会员店因供应链监管不力曝出涉嫌销售过期澳洲牛排的消息。

无独有偶，2013年6月4日，上海电视台也曝光了卜蜂莲花超市出售假羊肉的消息。

……

管理不当，监管失控，无疑将企业推向生死存亡的边缘。正所谓："千里之堤，溃于蚁穴。"管理是企业生存和发展的根基，而基础的生产管理更是企业持续发展的基本保证。

生产管理是制造加工型企业的核心管理内容，主要源于两个方面：一是制造加工中产品成本的 50%~80% 是在现场生产环节中发生的；二是 90% 的问题源于生产管理。

由于高效的生产管理是决定企业以及班组长竞争力的重要构成因素，所以，强抓生产管理已成为企业的必修课。

然而，做好生产管理并非一件易事。如何抓生产管理？哪些内容属于生产管理范畴？使用何种方法及方式管理？这些都是我们必须解决的头等问题。

笔者结合自己在企业十多年的中高层管理实践及多年国内职业培训师和企业管理顾问经验，并根据制造企业及现场班组长的实际情况与需求，总结出了《班组长如何管现场》、《班组长如何控成本》、《班组长如何保安全》、《班组长如何抓质量》这套系列丛书。

丛书从管现场、控成本、保安全、抓质量四个方面分别将现场生产管理中的现场、成本、安全、质量四个重点问题一一击破。更重要的是，本丛书力求弥补市场上传统生产管理类图书的不足，系统而全面地指出现场生产管理中存在的问题。

丛书注重拓展班组长的视野和培养其解决实际管理问题的能力，为生产型企业提供了全方位的生产管理指导方法，生产管理理念新颖独到，形式清晰明了，语言通俗易懂，讲解方式配以小故事、图片、数据图表、经典案例分析等形式，引人入胜。每小节后附的互动问题能引导读者积极思考，而"笔者箴言"则一语道破相应章节中的知识重点。最后一章相关工具表单可对管理效果进行实际检验，查漏补缺，是制造企业及现场管理者必备的工作指南。

第二版前言

安全事故就像魔咒一样在我们身边不停地转动，扰乱我们正常的生活秩序，考验着我们的心理承受能力。自2013年6月以来，生产安全事故频发的概率呈现攀升之势：

2013年6月1日，河南省驻马店市平舆县惠成皮革有限公司在疏通厂区外污水管网时，3人因吸入有毒气体经抢救无效死亡。

2013年6月2日，中石油大连石化公司一联合车间939号罐起火，造成4人死亡。

2013年6月3日，吉林宝源丰禽业有限公司发生火灾事故，导致上百人伤亡。

2013年6月5日，山西离柳焦煤集团鑫瑞煤业公司（技改矿）井下发生一起无轨胶轮车刹车失灵的跑车事故，造成6人死亡、2人轻伤。

2013年6月8日，江西省赣州市会昌县石磊水电开发公司禾坑口电站在浇排架柱时发生倒塌，造成现场4人死亡、3人受伤。

……

面对类似触目惊心的安全生产事故，我们绝对不能做"事后诸葛"。其实，对于这些频发的安全事故，我们并非束手无策。经分析，煤矿安全生产事故的原因中有95%的人为因素，生产中的不安全作业行为是导致安全生产事故的罪魁祸首。而安全生产管理不善会滋生大量不安全生产行为。因而，我们认为班组长加强安全生产管理是减少安全生产事故的最有效途径。

班组是安全生产的前沿阵地，班组长是生产一线最直接的管理者，即是名副其实的兵头将尾。更重要的是，班组长与生产现场"零距离"接触，对安全过程中的小问题底数最清，也最有发言权。

因而，班组长在安全生产中应学会用放大镜看小问题，即班组长要想消除一起严重事故，必须从小事做起，先控制事故先兆和安全隐患。正如海恩法则所示：每一起严重事故的背后，必然有 29 次轻微事故和 300 次未遂先兆以及 1000 个事故隐患。

所以，工作中的班组长必须认真对待那些不起眼的小违章、小问题、小隐患，学会放大小问题的性质，并通过这些小事，看到更大的潜在安全隐患，找到问题根源，采取与之相适应的有效措施，从源头上控制事故。只有这样才能确保安全生产，才能最大限度地保证企业的经济利益。

《班组长如何保安全》是班组长系列丛书中的一本。与以往的安全管理类书籍相比，本书有以下三个亮点：

实操性强是本书第一亮点。本书综合了我在企业十多年的中高层安全管理的实战经验，以及近些年卓有成效的安全管理培训精华，从班组长的实际工作需要出发，一针见血地指出了安全生产管理中存在的各类问题，并对其进行清晰明了的分析。

体系新颖是本书第二亮点。本书既注重了传统安全生产管理类书籍的系统性和完整性，又有自己独特清晰的体系，秉承"安全第一，预防为主，综合管理"的安全管理理念，从"常备不懈"、"各负其责"、"把握全局"三方面对安全生产管理进行全面、权威、详尽的阐述，显著提升班组长"大安全"的专业安全生产管理水平。

互动性强是本书第三亮点。此次再版，笔者亦增添了"笔者箴言"和"篇后小结"两部分内容，以便帮助读者朋友更快更好地掌握重点内容。当然，本书每小节后都附有与读者互动的小问题，仍是引导读者积极思考自身安全生产管理中存在的问题，并在积极思考的过程中，加深读者对实操性安全管理方法的理解，增强读者对安全生产管理方法的应用能力的关键。此外，最后一章还附有安全生产相关工具表单及相关安全法规，班组长可结合自身安全生产管理状况实际检验，以查漏补缺，不断提高企业安全生产管理水平。

本书围绕企业安全生产管理最常见问题，从"知己知彼"、"严密管理"、"真抓实干"三个篇章，进行清晰独到的阐述，旨在由浅入深引导班组长找到安全管理的有效思路及其方法。

忽视企业安全生产是一种犯罪，安全生产是企业生存的底线。相信我们抱着"任何安全生产事故都是管理事故"的安全生产管理理念，将本书中的安全管理方法灵活应用到安全生产工作中，班组人员在生产过程中就会从"要我安全"变成"我要安全"，将安全生产进行到底，实现企业效益的腾飞。

古语云："患积于所忽，祸起于细微。"蚂蚁与大堤相比可以说细小得微不足道。然而，正因为这小得不起眼的蚂蚁致使大堤出现"管涌"，细小的"管涌"最不易察觉，却可能造成大堤崩溃，甚至引发洪灾。归根结底，班组长在安全管理中必须谨记："隐患藏于细处，安全在于防范。"

目　录

第三篇　真抓实干

第一篇

知己知彼

第一章　认识生产安全管理

本章提要：

▶ 安全生产及其五要素

▶ 安全生产事故发生的原因

▶ 不同岗位的安全职责

▶ 班组长的安全职责

一、什么是安全生产

"安全生产重于泰山"这句话可谓人人皆知，但有多少人对安全生产真正了解呢？恐怕并不多。发生安全生产事故后，我们常常会听到事故相关责任人这样说："真没想到会发生这样的事。"实际上，任何安全生产事故的发生都绝非偶然，长期积累的安全隐患是发生安全生产事故的祸根。

> **案例**
>
> 相信大家都知道木桶效应。木桶效应理论认为：在木桶密闭性良好、木材质量过硬的条件下，组成木桶的最短模板决定了木桶的容量。因此，要提高木桶容量，就要将短板加长。有经验的木匠常常会给木桶装满水，检查木桶是否有裂缝或漏洞。若检查出问题，就立即对其进行修理和加固。

企业管理又何尝不是如此呢？若将企业管理视为一个木桶，安全生产管理则好比它的"短板"。很多企业知道把这块"短板"加长，开展安全教育，定期进行安全检查，对发现的安全隐患进行整改，生产安全管理做得非常到位。但有一些企业却和上面形成鲜明对比，他们安全意识薄弱，只顾经济利益，对生产安全隐患视而不见，结果往往导致生产事故。

案例

2008 年 11 月 15 日，杭州因修建地铁而引发了地面坍塌事故，致使 17 人死亡，4 人下落不明。杭州地铁坍塌事故是我国修建地铁以来最大的一次安全生产事故。这次事故造成了严重的后果：地面坍塌、自来水和污水管道破裂、施工挡土墙垮塌、附近房屋倒塌、汽车下沉陷落等。

通过这次生产事故，我们看到了企业安全生产存在的很多问题：安全生产意识淡漠，安全生产责任不落实，对安全隐患处理不够到位等。

安全生产是为了在符合安全要求的物质条件和工作秩序下进行生产，防止出现人员伤亡事故、设备故障以及其他各种灾害的发生，保障工作人员的安全和正常生产而采取的所有活动。简单地说，安全生产是为保障人身和财产安全，克服不安全因素进行的一切劳动生产活动。它主要包括人身安全、产品安全、设备安全、交通运输安全、环境安全。

安全生产是企业生产经营的前提，是企业财产和人员生命的"护身符"。安全生产工作方针是"安全第一、预防为主、综合治理"。做好企业安全生产工作对生产有很大的促进作用。做好安全生产工作，对劳动条件进行改善，能提高员工的工作积极性，降低生产事故发生的可能性，减少人员伤亡和企业财产损失，从而增加企业效益，促进企业的发展（见表 1-1）。

表 1-1　安全生产五要素

安全生产五要素	1. 安全文化 　　企业进行安全文化建设要以人为本，将安全理念渗透到每位员工的心里，使每位员工都养成安全生产的习惯，不断提高所有员工的安全意识和安全责任感。安全行为由安全意识决定，因此安全管理人员要重视安全理念的渗透和安全行为的落实。搞好班组安全文化建设是培养员工安全理念和安全行为的有效措施。根据安全工作的不同特点，班组内可张贴安全宣传画、发放安全宣传资料、制定安全职责和安全生产操作规程等

续表

安全生产五要素	**2. 安全法制** 安全法制是安全生产的长效机制。建立安全法制机制必须做到立法、懂法、守法和执法 立法就是组织员工学习安全生产的相关法律法规，同时对企业安全管理的相关规定进行建立、修订和完善，为企业的安全生产管理提供可靠依据。懂法即安全生产实施法制化。立法是法制化的前提，懂法是法制化的基础。守法是将安全生产法规落实到具体的安全管理和生产过程中，只有将人的不安全行为消除，才能避免和减少安全生产事故的发生。执法就是对安全生产制度进行严格监督检查并依照法律予以强制执行，维护企业安全规章制度的权威性
	3. 安全责任 企业生产经营的各层都负有安全责任。为了明确各级安全责任，应签订安全生产责任书。责任书应明确规定责任的具体内容、措施及相应奖惩办法。为了充分落实安全责任，企业应对按要求完成责任书考核指标范围的单位和个人给予奖励；对未完成安全考核的单位或个人进行处罚或批评；对安全工作突出的单位和个人给予精神奖励和物质奖励，并组织其进行安全工作的经验交流和相互学习
	4. 安全投入 安全投入是为了提高安全生产能力进行的人才投入和资金投入，它为安全生产提供基本保障。企业应为安全生产投入充分的设备资金、宣传资金等；为安全工作人员提供安全培训，到安全工作突出的企业进行参观学习；通过招聘安全管理专业人才，提高安全管理人才的整体综合素质
	5. 安全科技 要提高企业安全工作管理水平，加大科技投入是必不可少的一项工作。企业可采用先进科技手段对生产过程进行安全监控，比如安装安全消防喷淋系统、行车记录仪、闭路电视监控系统等，综合运用现代化、信息化、自动化的安全科技进行安全管理

　　莫里尼奥曾说："当用心准备的习惯成为你身体的一部分，它就会永远在那里，并会帮助你取得令人惊讶的胜利。"当安全生产习惯成为我们进行安全生产管理的习惯时，安全生产事故就会销声匿迹。在进行安全生产管理之前，我们需要问问自己：准备好了吗？

　　希望读完这节内容后，大家对安全生产有一个比较全面的认识，安全生产意识不断提高，在生产管理工作中严格按照安全标准，每天都能"高高兴兴上班，安安全全回家"。

笔者箴言　　企业经营的前提是需要具备安全生产的各项条件，只有在安全的环境中，稳定而持续的生产才能得以保证。

思考题：

1. 安全生产的五要素指哪些？

2. 本节学习结束后，你对安全生产有了怎样的认识呢？

二、造成安全生产事故的原因

我国目前面临着严峻的生产安全形势。虽然我们都知道"安全第一，预防为主"的安全工作指导方针，但是安全生产事故还是接二连三地出现。

从 1993 年到 2006 年年底，特别是在"十一五"期间，平均每年的安全生产事故死亡人数为 13 万。下面是 2001 年到 2005 年的安全生产事故死亡人数统计图（见图 1-1）：

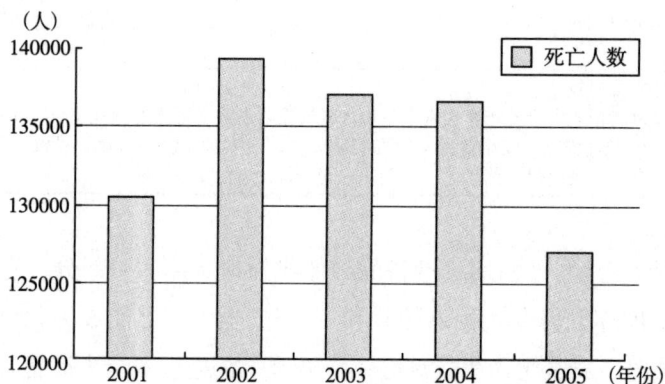

图 1-1　2001~2005 年安全生产事故年死亡人数统计图

看到上面令人毛骨悚然的死亡人数，你有何感想？在安全生产事故中，最突出的是交通事故和煤矿事故。按照可比口径，我国煤矿事故的死亡人数是主要产煤国的 4 倍以上，每开采百万吨煤炭的死亡率是印度的 10 倍，是美国的 160 倍，每开采百万吨铁矿的死亡率是美国的 20 倍，是日本的 80 倍。

再来看襄汾县"9·8"溃坝事故：

据官方数据显示，2008 年 9 月 8 日爆发的襄汾县溃坝事故失踪和死亡的人数达到 268 人，受伤人数达 34 人，其受灾的人数更是多达 1047 人。

实际上，早在 2008 年 2 月 27 日，事发当地的云和村村委会就向县政府递交了一份题为"救命报告"的文件，对危在旦夕的矿坝表示很担忧和恐惧。但当地官员并没有重视这份文件，最终导致了悲剧的发生。

另据新华社报道，2006年4月溃坝事故的负责单位新塔矿业公司已被山西省安监局吊销了生产执照，它的采矿证在2008年8月已过期。但令人难以置信的是，在9月8日矿难发生的前天晚上，该公司依然在照常生产。已溃坝事故的负责单位新塔矿业公司利欲熏心，对安监局和国家采矿行业的规定视而不见，导致了这次特大矿难的发生。

上面仅从宏观上对企业的安全生产事故进行了简单分析。从微观层面来看，企业生产经营活动中，是什么具体原因导致安全生产事故发生的呢？

1. 违反安全生产规章制度

安全生产规章制度是企业规章制度的重要组成部分，是企业生产安全的有力保障。无论是企业普通员工，还是经理或厂长都要遵循安全生产规章制度。

企业安全管理应将安全生产规章制度落实到车间、班组、作业现场和每位员工的具体工作上。通常企业由于违反安全生产规章制度而存在的安全隐患有：

（1）设备、设施、工具或附件存在缺陷，如结构设计未达安全标准，视线被通道门遮挡，制动装置有缺陷，安全间距太小，工作存在锋利的毛刺或毛边，拦车网有缺陷等。

（2）没有防护、信号灯、保险等装置或这些装置存在缺陷。

（3）机械强度和绝缘强度不够，起重机的绳索没有达到安全标准。

（4）生产场地环境不良，主要包括照明光线不足或过强，通风不良，场地粉尘过多，致使操作时视物不清；电路短路或瓦斯排放没有达到安全浓度，导致放炮作业；作业场所狭窄，场地物品放置杂乱，材料存放不安全，没有开通安全通道。

（5）设备在超负荷或非正常条件下不良运转。

（6）操作工序设计不安全。

案例

某厂主营产品是藤椅。但在藤条加工过程中总是出现员工伤手的安全事故。经调查发现，原来藤条在流水线上未经过毛刺打磨环节。所以，很多员工稍不注意就会被毛刺刺伤手。

（7）没有个人防护用品或个人防护用品存在缺陷。

（8）设备失修或失灵。

（9）地面不平整、地面有油或其他液体易滑物。

2. 安全生产意识淡薄

虽然很多员工都接受过安全培训和考核，但由于没有实际工作经验，安全意识比较淡薄，认为生产最重要的是学习生产技术，对生产安全漠不关心。有的员工甚至抱着侥幸心理，认为安全生产事故离自己很遥远。无数血的教训告诉我们，安全生产意识淡薄是导致安全生产事故发生的非常重要的原因。

由于安全生产意识淡薄，有的企业甚至对新招聘的员工不进行厂级、车间级和班组的三级培训就直接上岗。由于这些员工缺乏最基本的安全生产常识，经常会冒险蛮干、违章作业，在紧急情况下往往会惊慌失措、手忙脚乱，最终导致悲剧的发生。

案例

小 A 是工厂刚招进的新人。由于是生产旺季，工厂为了赶进度，对新员工只做了简单的技术培训，并未深入培训安全知识。

一天，工厂检查小组到车间进行巡查，看到小 A 使用的机器存在安全隐患。巡查人员立即叫停了小 A 的机器，并问道："这台机器存在安全隐患，为什么没有上报维修与保养？"小 A 茫然道："现在还能用，等赶完生产任务再维修吧！"

3. 违反安全操作规程

企业安全操作规程是在长期生产经验的基础上总结出来的，遵守安全操作规程能使生产效率和生产的安全性得到极大提高。违反安全操作规程会导致严重的后果，轻者受伤，重者丧命。因此，每位员工在生产过程中都要按照安全生产操作规程进行生产，切不可出现下列违反安全操作规程的现象：

（1）忽视安全警告，进行错误操作。员工在操作过程中未经许可或未出现提示信号就进行开、关机、移动机器等操作，很容易造成意外转动、漏电或通电现象。忘记关闭设备或忽视警告标志、供料速度过快、用压缩空气吹铁屑、奔跑作业等也都属于错误操作。

（2）不安全的着装。例如，戴手套进行有旋转部件的设备的操作，穿肥大的衣服在旋转的设备旁边进行作业等都是不安全着装的表现。

（3）对安全装置进行错误调整或拆除等动作，都有可能造成安全装置失效。

（4）使用没有安全装置的设备或临时使用不牢固的设备。

（5）将手动工具用手代替。例如，用手进行切屑的清除；不用固定夹固定，而用手直接拿着工件夹进行操作。

（6）在必须使用个人安全防护用具的作业中没有使用防护用具。按照作业要求佩戴护目镜或面罩、防护手套、安全鞋、安全帽、呼吸护具、安全带等个人防护用具会大大减小不安全作业对人体的伤害。

（7）冒险进入危险场所。主要表现为：在无安全设备的情况下，冒险接近漏料处、涵洞；在采伐、集采、搬运和装车的过程中，没有离开危险区；在矿工作业中没有"敲帮问顶"；在易燃易爆环境下使用明火；违反规定搭乘矿车；在绞车道行走时没有四处观望。

（8）攀、坐汽车挡板、平台护栏、吊车吊钩等不安全的位置。在机器转动时进行加油、调整、焊接、清扫或在起吊物下进行作业或停留等行为，这会分散注意力，极有可能引发安全生产事故。

4. 违反劳动纪律

军队若没有严格的纪律约束，就不会有任何战斗力。企业要是没有纪律约束，就不会有市场竞争力。一些重大事故往往是员工不遵守劳动纪律所造成的。

员工违反劳动纪律的主要表现有：

（1）上班无故早退或迟到。

（2）上班前或上班期间饮酒。

（3）工作时间内常常聊天，干和工作无关的事。

（4）上夜班期间睡觉。

（5）业余生活不规律，上班期间萎靡不振，精力不集中。

（6）在禁烟区吸烟，并随地乱扔烟头。

（7）不按规定穿戴工作服并使用防护用品。

（8）自我为中心，无视纪律，不服从上级的调度和指挥。

以上四点是对具体生产作业中安全生产事故发生的原因进行的分析。除此之外，宏观层面的安全管理法规不符合实际生产情况，执法不严、违法不究等安全管理方面的问题是造成安全生产事故发生的宏观原因。

笔者箴言　安全生产无小事。很多安全事故的发生都是由于对细小隐患的忽视而造成的，所以为了企业更好的发展，管理者必须要做好安全管理工作。

思考题：

1. 安全生产事故发生的原因主要有哪些呢？

2. 你的企业是否由于上述原因发生过生产事故？

三、安全生产责任制

安全生产责任制是现代企业安全管理的一项最基本的制度，是企业职能部门、各级领导、不同岗位上的员工各自对安全生产工作负责的制度。

安全责任制度制定的原则是"安全生产，人人有责"，它的内容包括谁来负责和负责什么，安全责任制中责任主体包括了企业各个部门的各级人员，上到最高管理者，下到普通员工。实行安全责任制后，企业的安全责任就不会有空白和死角，实现生产经营中各个环节的全员、全面、全过程的安全管理。

安全生产的"五同时"是企业安全生产责任制的核心，是指在对生产进行计划、布置、检查、总结、评比时，同时对安全工作进行计划、布置、检查、总结和评比。

1. 执行安全责任制的注意事项（见表1-2）

表1-2　执行安全责任制的注意事项

执行安全责任制的注意事项	1. 管理者要不断提高思想认识 搞好安全生产工作的关键在于安全管理。各级管理者的思想认识和贯彻执行安全责任制的自觉性决定了安全责任制能否建立和切实落实，因此各级管理者要坚持"安全生产必须先安全管理"的原则和"预防为主，安全第一"的方针，自觉落实安全生产的"五同时"
	2. 制定安全生产责任制 在制定安全生产责任制时，企业应根据本企业的实际情况，对生产工作经验认真总结，明确不同岗位、不同职责人员的安全生产具体职责。同时，还要广泛听取员工的意见和建议。在安全生产责任制通过审查后，应及时告知全体员工，以便于安全生产责任制的落实

执行安全责任制的注意事项	3. 落实安全检查制度 企业要经常对安全生产责任制的落实和执行情况进行检查：检查各个部门是否建立了安全生产责任制；检查随着企业的发展和组织结构的变化，企业是否及时地更新和调整了安全生产责任制；检查在执行过程中，生产线员工是否熟悉安全生产责任制中自己的具体职责范围；检查在每天的生产调度会上，是否对安全责任制度的落实情况进行了讲评，检查是否对违反安全生产责任制造成的问题进行了分析和解决。为了鼓励企业全体员工对安全检查制度的审视，还应对充分落实和执行安全责任制的部门和个人进行奖励和表扬，对违反生产安全责任制的部门和个人进行教育批评或处罚
	4. 经常总结经验教训 企业要经常对在安全责任制落实过程中取得的经验和教训进行总结，积极鼓励不同岗位的员工都为安全生产出谋划策。根据不断积累的安全生产经验对安全生产责任制进行修订，更好地发挥其安全生产检查的积极作用

2. 不同岗位的安全责任

企业不同岗位、不同部门有不同的安全生产责任。下面我们就对安全生产的主要人员及部门的安全责任范围进行简单讲解（见表1-3）。

表1-3　不同岗位的安全责任

不同岗位的安全责任	1. 企业高层领导的安全责任 厂长或经理应负全面安全责任，主要包括：对国家的安全生产方针、法规和政策进行全面贯彻执行；将安全管理视为企业管理的重中之重；应定期对安全生产的重大问题进行研究；应不断充实安全技术管理人员，使安全管理机制不断健全；对安全规章制度、安全生产计划、重大安全技术措施以及安全技术规程进行审批 副厂长或副经理承担自己业务范围内的全面安全生产责任。主管安全生产的副厂长或副经理对安全部门的工作进行直接领导，对有关安全的重大问题进行研究解决；对安全生产的规章制度或编制进行制定和改进；组织全厂开展安全大检查工作；对发现的重大安全隐患进行整改；组织全厂进行安全生产考核和安全教育；对安全生产经验进行总结和推广学习，鼓励生产安全责任落实工作的先进部门或个人；组织上报并调查安全生产事故；定期组织召开安全生产委员会会议，讨论和解决安全生产中存在的问题
	2. 工程师的安全责任 总工程师全面负责企业安全技术问题，副工程师负责自己业务范围内的安全技术问题。具体内容有：组织技术人员进行安全技术研究；采用安全技术防护装置；对存在重大安全隐患的整改方案进行研究；组织对新项目、技术改造项目、扩建项目的设计、施工和投产进行研究；对安全技术措施和安全技术规程进行审查；规划尘毒等有害物质的治理方案；参与安全生产事故调查处理工作
	3. 车间主任的安全责任 车间主任全面负责自己所属单位的生产安全，副主任对自己管辖的分业务的安全负责。具体内容有：积极贯彻国家的安全法规和企业安全规章制度；组织制定车间安全操作规章制度、安全措施、安全管理规章等；组织对新员工进行车间级和班组级的安全培训，对普通员工进行定期安全教育及考核；对劳动保护用品、健康食品进行严格管理；组织全车间进行安全检查，对发现的安全隐患进行及时整改；及时上报和处理发生的安全生产事故，同时保护事故现场，查明事故的原因；配合安全管理人员进行车间安全管理

不同岗位的安全责任

4. 车间安全员的安全责任

车间安全员的安全责任有：负责所属车间的安全生产技术工作；协助落实企业的各项安全管理制度；指导班组安全员的各项业务；协助车间主任贯彻安全生产的各项规章制度，同时对制度的执行情况进行监督和检查；负责安排车间的安全活动，定期组织安全生产事故演习；参与车间安全生产制度的制定和修改，并对这些制度的执行情况进行检查和监督；做好本车间的安全教育及考核工作；参与审查车间扩建或改造项目的设计、设备改造、工艺方案等工作；每天深入车间检查，对发现的违规作业及时制止；负责管理车间的防护器材、安全设施、灭火器材、事故隐患的管理；根据掌握的尘毒情况提出改进方案；参与车间安全生产事故的调查工作，将事故相关的统计分析工作进行上报

5. 班组长的安全责任

班组长是生产第一线的生产管理人员，他的安全责任有：组织员工对各项生产安全规章制度进行学习和贯彻落实；对员工违章生产进行制止；组织安全日、安全周、安全月等安全竞赛活动，对先进个人或团队进行表彰；组织新员工的安全教育；组织班组安全检查，对发现的安全隐患及时消除，若不能解决，要及时上报；上报本班组发生的安全生产事故，同时组织进行人员抢救，并保护事故现场，做好相关记录工作，协助安全管理部门进行事故调查，认真落实类似事故的防范措施

6. 普通员工的安全责任

普通员工的安全责任有：对各项安全生产规章制度进行认真学习和严格执行，同时对他人的违规作业及时制止；认真作业并做好相关记录；如果发现指令不符合安全生产标准，有权拒绝执行；能正确判断造成各种常见事故的安全隐患，及时进行安全检查，对发现的安全隐患及时上报；发生安全生产事故时不能慌乱，应按照相关应急措施正确处理，及时上报，同时保护好事故现场，做好相关记录；保持和维护作业现场的整洁，加强对生产设备的维护；按作业的要求标准着装，正确使用、妥善保管消防器材和个人安全防护用品；积极参加各级开展的安全生产活动

7. 安全教育部门的安全责任

安全教育部门人员的安全责任是：及时组织安排新入厂员工的安全教育培训工作，考核通过后将其分配到车间；组织从事特殊工作的员工进行安全培训和考核；负责检查员工安全生产规章制度的遵守情况；贯彻工时、休假制度，对加班制度严格控制；参加重大事故调查和事故鉴定工作，对事故责任人进行惩处；将安全工作绩效作为员工晋升或奖励的重要参考内容之一；对新员工进行体检；根据作业不同，做好新老员工工种的分配和调查，对有害工种岗位实行定期轮换；协同有关部门执行和办理外包或外来支援工程协议的相关安全工作

8. 安全技术管理部门的安全职责

贯彻执行国家安全生产方针和安全生产标准；负责新员工的三级教育、特殊工种教育等；组织对本企业安全生产规章制度的修订工作；组织全厂进行安全生产检查，协助相关部门对发现的安全隐患提出整改措施；对生产中出现的技术性违章操作作业进行及时纠正；在危及安全生产的紧急情况下，有权命令停止生产，同时上报有关部门进行处理；对日常用火制度的执行情况进行及时监督检查；对各类事故进行统计、汇总和上报；应建立健全事故档案，事故档案的内容包括：人身伤亡、重大安全生产事故的调查处理、工伤鉴定等；制定符合国家标准的劳动保护用品、保健食品、清凉饮料的发放制度，并监督该项制度的执行情况；不断改善作业环境，做好防爆、防噪声、降温等工作；协同相关部门做好安全生产竞赛活动；经常进行安全生产经验交流活动；组织安全生产技术的研发活动，对先进的安全技术和安全管理方法进行推广；对本企业本年度各类事故处理费、劳动用品费、安全及时措施费、安全教育宣传费、安全检测费等进行全面掌握和了解；根据国家规定配合财务部门参与安全技术措施经费的划拨及各类事故的处理经费审批工作

9. 其他部门或人员的安全责任

由于具体部门和人员的安全责任不尽相同，我们只将安全责任的主要人员和部门的职责简单地做了一了解。其他部门和人员应根据企业安全责任制度的具体规定，负责好各自范围内的安全责任，同时积极配合和支持其他部门和人员的安全生产工作，实现企业全面安全生产

笔者箴言 　落实好安全生产责任制可有效降低安全生产事故的发生率，同时还能提高全体员工的安全意识。

思考题：

1. 安全生产责任制在执行过程中应该注意哪些问题？

2. 你所在企业各岗位的人员是否都按照上述的内容承担起各自的安全职责？

四、班组长的安全职责

安全统一于企业的生产之中，现场生产安全管理是企业安全管理的前沿阵地，现场安全管理直接决定着企业全体员工的安全，对企业的生产效益会产生很大影响。班组长是企业一线生产的指挥员和基层组织者，是现场安全生产的第一责任人，如果生产中发生安全生产事故，班组长有不可推卸的责任。因此，班组长要在"安全第一，预防为主"的安全生产方针的指导下，担负起自己的安全职责。班组长的安全职责具体有以下几个方面：

（1）认真落实和执行各种生产规章制度、劳动保护政策、本企业和自己所管辖区域的安全工作指令和决定，负责自己所属范围的员工的健康。

（2）经常对一线工作人员使用的电器设备、机械设备、原材料、安全装置、工夹具、个人防护用品等设备、工具的规范性进行检查和指导。

（3）使机器设备随时保持良好状态。对材料、废料、半成品和成品的放置进行合理规划以保持道路通畅和场地的整洁，将一切不安全因素清除。

（4）分配具体安全工作时，要以生产任务、员工的身体状况、思想状态、情绪、劳动环境等为依据。对班前布置的安全工作在班后要进行检查。

（5）指导生产员工按照安全操作方法进行作业，同时对安全技术操作规程的遵守情况进行检查。

（6）对安全员每周的安全管理活动进行监督，对新入厂员工、新调换工种的员工、伤愈员工和长期休假员工在开始工作前要进行安全知识的培训与教育。

案例

　　小于是工厂新进员工，经过岗前综合培训后，被分配到一组。班组长根据新人上岗程序对其进行简单的上岗知识考问，小于对这些问题都对答如流。于是，班组长就准备安排小于试岗。但是最近后勤配备组没有将新员工的安全工作服发放到位，班组长只能将小于安排到企业行政部门先学习企业文化。

　　（7）加强安全资料管理，各种安全生产卡的管理应做到科学化、规范化、制度化。

　　（8）要及时发现和制止违章作业或违章指挥。

　　（9）作业前检查生产现场的安全情况和员工是否正确佩戴安全防护用品，确认安全后再进行作业。

　　（10）进行分散作业时，必须至少两人一起才能进行作业，另外还要派专人负责安全工作。

　　（11）对易燃易爆物品、有毒物品、防寒和防护用品，要派专人领取和管理，并督促其及时上报管理情况。

　　（12）一旦发生伤亡事故，应立即向上级报告并尽快组织人员进行抢救。要采取措施防止事故进一步扩大，同时还应保护好现场。事故之后要对发生的原因进行深入分析，吸取教训，能够举一反三，采取预防措施防止事故再次发生。另外，班组长还要督促安全员认真填写"职工伤亡事故登记表"，按规定的时间上报。

　　（13）随时对作业现场的安全设施、工作环境、生产设备及员工的作业情况进行检查。若发现安全隐患要及时解决，对不能解决的问题要及时上报。如果遇到紧急情况，马上停止正在进行的作业，通知员工立即撤离危险区域，将故障彻底排除后方可继续作业。

　　"火车跑得快，全靠车头带"，班组长具有什么素质才能将上面的安全职责落实到位呢？

　　首先，班组长要有很强的超前安全意识。预防是生产安全的主要思想。班组长在日常工作中要居安思危，有忧患意识。很多安全生产事故表明，几乎所有的安全生产事故都是可以避免的。因此，生产班干部要重视每天的安全生产管理工作，将发现的安全隐患及时排除，否则隐患就会扩大、恶化，甚至发展成严重的安全生产事故。同时，班组长要对其他安全生产事故产生的原因进行分析，从中找到自己可以借鉴的东西，杜绝此类事故的再次发生。

其次，要有敬业、认真负责的工作态度。任何人只有具备认真负责、爱岗敬业的工作态度，才能将自己所从事的工作做好。安全生产关系到企业财产和员工生命安全，因此班组长更应该对自己的工作认真负责。班组长应时时处处将员工的生命安全和企业财产安全放在首位，认真做好每一项工作。

再次，要有一定的知识和技能。班组长应熟悉自己所管理范围内的生产工艺、生产设备的性能以及标准的操作步骤，同时要熟悉相关的安全法规和安全生产技术，这样才能具备辨别安全隐患、控制安全生产事故的能力。因此，班组长一般都是有科学文化知识和丰富经验的综合型人才。

最后，要具备良好的沟通能力。良好的沟通能力是任何工作取得成功的保证。人是生产工作的核心因素，因此班组长和员工的沟通非常重要。班组长要经常与员工进行沟通，及时掌握员工的思想状态和行为动态。因此，班组长要了解一定的心理学和管理学知识，通过沟通了解和引导员工的行为，调动员工的工作积极性，使安全管理取得良好的绩效。

笔者箴言 班组长是一线安全管理的直接领导者，一线人员能否认真执行安全生产法规，在很大程度上取决于班组长安全落实的带头作用是否到位。

思考题：

1. 班组长有哪些安全职责？

2. 作为班组长的你是否具备上述班组长应该具备的素质？

五、企业安全文化建设

1. 认识企业安全文化

古人云："先其未然谓之防，发而止之谓之救，行而责之谓之戒，防为上，救次之，戒为下。"这句话恰如其分地道出了企业"安全第一，预防为主"的安全文化目标。

一个企业的安全文化建设，是指将企业的安全价值观和安全理念，通过决策、管理和执行，落实到生产过程中，从而营造一个良好的安全生产氛围，保证企业生产活动安全进行。

要建设企业安全文化，首先要了解安全文化的性质，企业安全文化主要有四大特性（见表1-4）。

表1-4　企业安全文化四大特性

企业安全文化四大特性	1. "人" 企业安全文化是把保护人的生命安全放在首位的文化，它保护人的生命权和劳动权。保护人从事的一切生产活动的安全，是企业安全生产管理的核心文化，是安全生产人性时代的文化方向
	2. "稳" 能够对人产生深刻影响的文化，肯定具有一定的稳定性，企业安全文化也是如此，它一旦形成，就会具有很强的稳定性，而就是这种稳定性，才能使企业抓住安全生产的规律，制定出合适的安全生产战略 当然，为什么说它是相对稳定的呢？原因在于企业安全文化会随着新形势的出现而发展和创新
	3. "动" 安全文化与社会大众文化不同，它形成于企业内部，需要在企业管理过程中通过管理的力量加以推动和实施，它是安全价值观的体现，是人们安全行为的引导准绳，它的发展会使企业增加生产效益，推动企业的发展和创新；而社会大众文化通常是经过长时间的流传沉淀形成的。如果安全文化是通过人们自发形成的，它往往就不会向着所需要的方向发展
	4. "广" 安全文化是一种价值观、一种安全理念、一套无形的系统。它藏在每个人的潜意识里，表现在每个人的行动上，影响到每一项生产活动。无论是安全技术还是安全管理，其中都渗透着安全文化，由此，才说它"广"

2. 企业安全文化建设的必要性

企业安全文化建设是必要的，其必要性主要表现在以下几个方面：

（1）企业安全文化是企业安全生产的核心。

①安全文化既影响到人们对待安全生产管理的态度，也影响到企业领导制定的安全决策；

②安全文化不仅是产生安全生产环境的文化基础，更是企业领导安全管理的哲学；

③安全文化既是员工安全生产的思维框架、生产行为的准则，又是员工提高安全知识的推动力；

④安全文化建设的水平既是企业现代化管理水平的标志，也是企业文明管理

水平的标志。

（2）企业安全文化是安全管理的基础。

①安全文化建设是建设现代企业的客观要求；

②安全文化是企业稳步、健康、持续发展的长期任务；

③安全文化能确立安全生产的机制，保证安全生产的长期稳定；

④技术上的措施只能保证低层次的基本安全，而安全文化建设才能保证高层次的安全；

⑤安全文化建设是安全生产管理向深层次发展的需要。

（3）企业安全文化是实现安全制度的保障。

规范员工安全生产行为的准则有两个方面，一方面是外在的、系统的、实实在在的安全制度法规；另一方面则是员工内在的价值理念、思维意识，而后者的形成才能保证前者更加有效实行。

（4）企业安全文化是企业文明素质的重要标志。

①安全文化能明确安全生产责任，提高员工的安全道德；

②安全文化能提高员工安全生产的主动性和积极性；

③安全文化能增强员工的安全意识，成为指导员工安全行为的力量；

④安全文化能营造良好的安全氛围，使员工更加信赖企业；

⑤安全文化有助于加强员工之间的协作精神，改变员工的精神风貌；

⑥安全文化能使员工自觉地帮助他人规范安全行为，在提高自身文明素质的同时，实现整体水平的提高。

3. 企业安全文化建设的内容

（1）物质文化建设。

安全物质文化是企业安全文化形成的前提，是一个很具体的概念，主要是指设备、材料、仪器、燃料、检测手段、应急手段、作业环境等企业生产、生活所用到的各种物质条件。

安全物质文化主要是协调人、机、环境系统之间的关系，加大系统本身安全文化程度，为企业安全文化建设打下坚实的基础。

（2）精神文化建设。

安全精神文化是安全文化中一个深层次的概念，它主要是影响人的心理和思维方式。

安全精神文化主要有两个方面，即安全知识教育和安全思想教育。安全知识教育是指利用演讲、培训等形式向企业领导和员工普及安全生产知识，学习各种事故应急措施等；安全思想教育是指让企业领导和员工建立"安全第一"的观念，建立"安全是生产力，也是经济效益"的价值观念等。

（3）制度文化建设。

安全制度是安全文化建设的保证，企业安全制度建设就是要使企业安全文化制度化，把安全文化的价值理念通过制度的方式表现出来。

制度是安全文化的切实体现，激励和约束机制、严格考核、奖惩分明等都是安全文化在制度上的具体体现。

若把安全文化比作房屋，那么，安全制度就是砖瓦。只有建立健全安全生产规章制度，企业安全文化才切实可行。

（4）行为文化建设。

价值理念是企业领导和员工思想、意志的综合表现，行为文化则是其价值理念所指导和规范的安全文化。安全行为文化建设主要有两个方面，即企业领导安全行为文化建设和员工安全行为文化建设。

企业领导安全行为文化建设主要指在责任制范围内企业领导的工作表现，提高企业领导的指挥能力及方式，企业领导学习安全管理、安全知识的表现等。

员工安全行为文化建设主要指对员工定期进行安全操作技能的培训与考核，对员工开展安全教育、日常安全宣传等活动，减少员工在生产中的失误行为，解决员工生活困难等。

（5）技术安全文化建设。

企业安全文化建设要注意引进与企业安全生产相关的先进科学技术、科技文献、音像制品等，此外，还要鼓励员工在安全科学技术方面的创新。

4. 企业安全文化建设的方法

不同的行业、不同的经济发展阶段会有不同的企业安全文化，不同的企业安全文化在具体建设过程中也有不同的方法，企业可以从以下四个方面入手：

（1）树立科学安全观。

"安全第一，预防为主"，把安全和生产结合起来，认识生产安全与企业长远发展的关系，把安全放在第一位，让生产服从于安全；然后在保证安全的基础上，把工作的重点放到预防上，做到"防患于未然"，这样，将生产安全与生产经营统筹在一起，既保证了生产安全，又促进了企业的持续发展。

（2）建立安全生产制度。

"无规矩不成方圆"，这句话说明了人的行为要靠规章制度来约束。一套完善实用的规章制度是企业安全生产管理的有效途径，安全生产制度包括生产责任制、安全检查制度、现场管理制度、教育培训制度、事故处理制度、技术安全管理制度、危险品管理制度、事故应急制度等。

（3）开展安全教育培训和宣传活动。

在实际生产过程中，很多企业只强调安全生产而忽视了安全生产知识的重要性；很多生产事故的发生不是因为领导和员工缺乏安全意识，而是由于没有足够的安全生产知识为指导。

安全教育培训能使员工真正懂得不安全行为的危害和严重后果，能提高员工的安全意识。安全宣传活动作为生产工作的一部分，要有针对性和目的性，这样能增加员工的凝聚力，提高员工之间的协作精神。

安全教育主要包括三级教育、日常安全教育、企业领导安全教育等。

安全宣传活动的形式有举办安全论文研讨、安全演讲、安全竞赛、安全考核、张贴安全标语等。

（4）开展安全科技活动和管理活动。

企业要不断加大投入，开展安全科技活动，依靠技术进步，采用新产品、新装备来不断提高安全化的程度，主要指作业标准、作业环境、作业活动的标准化建设，对事故多发点、危险点的控制，重大事故的应急预案、应急演习等。

安全管理活动主要指"5S"管理活动、隐患管理活动、系统管理活动、设备控制活动、工艺过程管理活动等。

5. 企业安全文化建设的实施

建立了企业安全文化只是安全文化管理的第一步，而如何让其更好地实施才是重点，那么，如何让企业安全文化有效实施呢？下面我们从四个方面进行介绍：

（1）全员参与。

全员参与就是指企业的每个员工都要参与企业安全文化的建设，每个员工都有着各自的责任，都起着不可替代的作用。事实证明，大多数的事故是由于少数人的安全素质不强造成的，一个员工的疏忽、一个员工的不安全行为都有可能会造成严重的生产事故。所以，要想建立有效的安全文化，就要让全体员工参与进来。

（2）通力合作。

企业安全文化建设是一项复杂的工程，它需要各个部门、各个员工、各个方面的通力配合才能完成，价值观念、员工意识、管理理念等都要经过通力合作才能发挥其作用。

（3）注重实效。

如今，安全文化已不再是领导者的口头禅，也不再是一种形式，它更注重实效。实践证明，只有注重企业文化的实效性才能使安全文化之树长青。

（4）绝不懈怠。

"冰冻三尺，非一日之寒"，安全行为规范也非一日之功。很多企业在安全文化建设之初，对安全生产严加管理。但是，一段时间后，就懈怠了，将其抛之脑后，结果安全文化建设没有收到效果，最终酿成生产事故。安全文化素质要通过循序渐进地不断渗透才能形成，安全管理制度和措施更不会收到立竿见影的效果，它们都需要一个不断积累的过程，而这个过程就要求管理者常抓不懈，这样才能实现企业的长治久安和快速发展。

企业安全文化是企业安全生产的五要素之一，要做好安全生产管理工作，一定要建设适合本企业的安全文化，然后确保其有效实施。

笔者箴言 构建出系统的企业安全文化体系，是企业安全生产的基本管理措施之一，也是企业顺利发展的必要保障。

思考题：

1. 你认为企业安全文化建设有哪些必要性？

2. 企业安全文化建设的内容和方法有哪些？

篇后小结

第一章	什么是安全生产	企业只有在安全的生产环境中，才能确保生产的顺利有效进行，即安全生产是企业得以发展的基本状态
	造成安全生产事故的原因	安全事故产生的原因很多，但都是企业管理中常见的类型，因而要想降低事故的发生频率及次数，主要工作就是从安全细节入手，将隐患摘除于萌芽时期
	安全生产责任制	避免事故发生后的推诿现象，最好的做法就是建立完善的安全生产责任制

第一章	班组长的安全责任	班组长的职位关乎一线安全生产的核心，因而，如何管控好现场生产的安全，班组长的责任感及安全意识必不可少
	企业安全文化建设	一家发展稳定的企业，其安全文化建设必定不可忽视，否则企业早就被安全事故所湮没

第二篇 严密管理

第二章 企业的安全教育管理

本章提要：

▶ 企业安全文化的内容及方法

▶ 安全生产确认制的作用及内容

▶ 安全生产检查的内容、形式及方法

▶ 三级安全教育的内容及误区

▶ 制定应急预案的原则、要素及步骤

▶ 安全生产的八大经典理念

▶ 杜邦公司的安全管理模式是什么

一、开展三级安全教育

要防止安全生产事故发生，对员工的安全教育是必不可少的。企业通常会对员工进行三级安全教育。

什么是三级安全教育呢？三级安全教育是工矿企业最基本的安全教育制度，它的"三级"分别是新入职员工和工人的厂级安全教育，车间级安全教育，以及班组级安全教育。三级安全教育的对象是新调入的干部、工人、学徒、合同工、临时工、季节工、实习人员等新入厂人员。企业只有对新入厂人员、调换新工种的工人进行过三级安全教育，并考核合格后，才令其上岗工作（见表2-1）。

表 2-1 三级安全教育内容

<table>
<tr><td rowspan="3" style="writing-mode:vertical">三级安全教育内容</td><td>

1. 厂级安全教育

企业安全技术部门负责厂级安全教育，教育时间为4~16课时，讲解时应与参观劳动保护室、看相关图片相结合，并配发浅显易懂的安全手册。厂级安全教育的主要内容包括：

①介绍员工奖励条例、《全国职工守则》、企业内部各种信号装置和警告标志；

②介绍劳动保护的任务、意义、具体内容以及重要性，使入厂员工有"安全生产，人人有责"的意识；

③介绍企业安全工作进展情况、生产设备分布情况（特别是特殊设备使用注意事项）、企业生产特点、安全生产组织情况等安全概况；

④介绍企业抢险、救人、救灾等典型事故案例的经验教训和工伤事故报告程序。

</td></tr>
<tr><td>

2. 车间安全教育

一般由车间主任或安全技术人员进行车间安全教育，教育时间为4~8课时：

①对车间概况进行介绍。主要包括车间人员结构、安全生产组织状况及相关活动、生产产品的工艺流程和特点、车间的有害工种和危险区域、车间劳动力保护方面的规章制度、劳动保护用品的标准穿戴方法和注意事项、车间事故的多发部位、车间常见事故典型案例分析等；

②根据车间特点，有针对性地讲解安全技术基础知识。如果该车间是冷车间，其特点是电器设备、金属切割机床、起重设备、运输车辆、油的种类较多，机床旋转力矩大、速度快等。针对这些特点教育员工严格遵守生产纪律，将防护用品和衣服穿戴好，防止机器将头发卷进去、旋转的道具将手擦伤；员工在装卸、检查和搬运大件物品时要小心被压伤、割伤或碰伤；员工在调整机床速度、测量工件、工夹刀具之前一定要先停机。员工擦车前一定要先切断电源、挂上警示牌；要保持工作场地干净卫生、道路通畅等；

③介绍车间防火知识。具体包括车间防火方针、易燃易爆品的种类、消防用品的放置地点、防火的要害部位、灭火器性能和使用方法等；

④对安全生产文件和安全操作制度的学习。

</td></tr>
<tr><td>

3. 班组安全教育

①介绍班组作业环境、生产特点、设备状况、危险区域、消防设备等。重点对易燃易爆、高温高压、有毒有害、高空作业等可能导致事故发生的危险因素进行介绍，同时对本班组容易出事故的部位和典型案例进行深入剖析；

②介绍本工种的岗位职责和安全操作规章制度。让员工从思想上对安全生产时刻重视，不违章作业，严格按照安全操作规程操作；教育员工正确使用设备和工具，介绍作业环境的安全检查及交接班制度，员工一旦发现安全生产事故隐患，应及时上报；

③介绍如何正确使用劳动保护用品。在机床转动时应摘掉手套操作，进行高速切削时必须戴保护眼镜，在施工现场进行登高作业时必须系好安全带、戴好安全帽；

④进行安全操作示范。进行现场安全教育时应组织技术娴熟、经验丰富的老员工进行安全操作示范，同时对操作要领进行重点讲解。让员工深刻认识到不安全的操作会造成严重的后果。

</td></tr>
</table>

生产安全关乎企业生产全局。企业在对新员工进行三级生产安全教育时，应该具有对生命和企业财产高度的责任感，将三级安全教育落到实处，防止陷入三级安全教育的误区（见图2-1）。

级别不够——三级安全教育包括厂级、车间和班组三级安全教育，缺少任何一级都不是真正的三级安全教育。

程序不明——三级安全教育的程序如下（见图2-2）：

人事部门一旦接到新入职员工，就会通知他去安全部门接受厂级安全教育。教育结束后若通过考核，人事部门就会根据教育卡片将其分配到二级单位接受车

图 2-1　三级安全教育误区

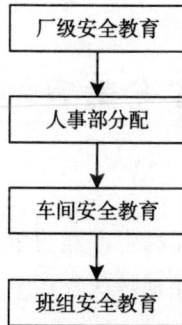

图 2-2　三级安全教育程序

间安全教育。车间安全教育通过考核后，员工被分配到班组进行班组安全教育。班组安全教育结束并通过考核后，员工就会被分配到岗位进行学习。但是不少单位并没有按照上面的程序进行三级教育。有的企业未进行厂级安全教育就直接进行车间安全教育，事后再补厂级教育，这是不科学的安全教育。

时间太短——我国劳动部门 1995 年颁布的《安全卫生教育管理制度》规定三级安全教育时间应多于 40 学时，但很多企业却偷工减料，安全教育时间严重不足。

内容陈旧——随着企业生产条件的变化，三级安全教育应该进行相应地调整，但有的企业安全教育内容却很陈旧，对员工没有针对性的指导意义。

方式呆板——为了使安全教育取得良好的效果，企业应采取多种教育方式。

但一些企业采用课堂灌输的单一形式，让员工感觉单调、枯燥。如果企业能将参观、座谈会、演讲等形式与课堂讲述相结合，安全教育的效果会更好。

形式主义——企业在开展三级安全教育的过程中，有些企业只教育不考核，有的甚至直接用考核题目来讲课，走形式主义，这样的安全教育起不到实质性的效果。

笔者箴言　执行到位的三级安全教育不仅提高了企业应对安全事故的能力，而且增强了员工的安全意识。

思考题：

1. 你知道三级安全教育指哪三级吗？

2. 你有没有陷入三级安全教育的误区呢？

二、员工安全教育的培训方式

通常所说的安全培训，是指提高生产经营单位主要负责人、安全管理人员和特种作业人员安全生产知识、技能和整体素质，以达到安全生产目的而进行的职业教育和训练。安全培训是企业工作的基础，是企业安全生产管理工作的重要组成部分，通过安全培训可以提高员工安全生产素质。只有不断提高职工队伍的整体素质，才能为企业安全生产提供意识、知识和能力等各方面的保障。

安全培训有多种培训方式，企业主管人员对员工进行安全培训时，可以根据实际情况来选择培训方式。培训的主要方式有：

（1）滚动式培训。

指按操作人员的岗位顺序，进行换岗学习，第一岗位的操作员到第二岗位学习，考试合格后顶岗；第二岗位操作员到第三个岗位学习，考试合格后顶岗；以此类推，形成循环滚动。

（2）串岗式培训。

指操作人员从自己的工作岗位到另一个岗位学习，学成后再串到另一个岗位学习。直到将各个岗位串完为止。相邻两个岗位可以结成互帮组，互为师徒，互相学习。通过考试后，可以根据情况考虑换岗或不换岗。

（3）并岗式培训。

指将原有的两个或多个岗位合并，使培训与岗位的重组相结合，重新组合的岗位人员可以在同一个岗位上互相学习，通过考试后再进行其他方式的培训。

（4）菜单式教育培训。

所谓菜单式，就是为兼顾企业取向与个人需求，企业的相关部门，和培训实体、培训需求单位结合发展形势和企业生产经营任务，共同拟定菜单式的培训内容。这样的培训方式可以使员工的培训更有针对性，员工可以根据自身的需求选择所培训的内容。

企业在对员工进行安全培训时除了选择适合的培训方式，还要选择合适的培训工具，多种形式的培训工具可以使培训课程更生动形象。实践证明，不借助任何工具而靠一个人在上面讲的培训模式很难达到预期效果。这就要求企业主管人员在对员工进行安全培训时应该借助多种培训工具。

常见的培训工具有：

①白板等书写设备。主管人员对员工培训时可以借助白板等书写工具，将培训的要点写出来，以便员工查看和记录。文字形式出现要比单纯地"听"，记忆更深刻。现在一些企业培训人员只会将一台笔记本放在讲台上，缺少与员工的互动，形式枯燥乏味。

②图表板。企业的安全培训人员培训员工时可能会使用一些图表，比如某事故造成的死亡人数等。为了使员工对安全有一个更清晰的认识，培训人员可以事前将培训的内容画在图表上，不仅可以节约听课的时间，还可以取得良好的授课效果。

③PPT 讲义。PPT 讲义已成为现代培训课堂的常用工具，凭借其良好的视觉效果、超强的链接——可以链接 Flash、视频、音频等各种格式的文件，可以使培训更生动有趣。

笔者箴言 培训方式的选择应依据企业实际情况而定，关键是培训所达到的目标能否满足培训设定的期望值。

思考题：

1. 员工安全培训有哪几种方式？

2. 你的企业开展员工安全培训了吗？

三、安全教育的经典理念

思路决定出路，只有从宏观上把握和理解安全生产理念，才能认清形势，真正做好生产安全管理工作。下面我们一起对几个经典的安全生产理念进行解析。

1. 树立风险管理意识，将"安全第一，预防为主"落到实处

管理学、心理学、文学、医学等领域都会提到"冰山理论"，据说："冰山理论"来源于文学家海明威纪实作品《午后之死》中的一句话："山运动之雄伟壮观，是因为他只有 1/8 在水面上。"什么是生产安全的"冰山理论"呢？

案例

相信大家对 1912 年 4 月 15 日"泰坦尼克号"沉没事件并不陌生，这次事件导致 1502 人丧生，是迄今为止世界上最严重的海难。知道这艘世界上最豪华、最大的邮轮沉没的原因吗？是因为邮轮撞到了冰山。露在海面上的冰山仅仅是冰山的一角，冰山下面隐藏着的冰山主体犹如一颗深水炸弹，造成了这次空前的悲剧。

安全生产"冰山理论"的核心思想是：安全生产事故犹如浮在水面之上的冰山，一个安全生产事故之下有着千千万万个安全隐患。为了防止安全生产事故的发生，我们应该排除水面的安全隐患。

因此，我们要认真进行风险辨识、分析和评估，才能比较全面地看到海水下面 7/8 的安全隐患，从而采取有效的预防措施，防止安全生产事故的发生。

2. 对安全生产事故进行系统分析，达到标本兼治的效果

一旦发生安全生产事故，企业就事论事，只推卸责任是解决不了任何问题

的，只有对事故进行系统分析，认真总结教训，才能从根本上解决问题，防止悲剧的再次发生。

有这样一句话："聪明的人不会重复同样的错误，而最聪明的人不会犯别人犯过的错误。"每个人都希望自己成为最聪明的人，因此我们一定要善于总结和吸收已经发生过的安全生产事故的教训，防止类似安全生产事故再次发生。

案例

欧洲勃朗峰隧道发生火灾，造成大量人员伤亡和很多车辆烧损，隧道也因此关闭了很长时间。在隧道关闭期间，该企业做了两件事：

一是对隧道上每个位置发生火灾风险的可能性进行了分析，并考虑如何降低风险。他们考虑若出现火灾，怎样才能在任何一个位置上最快达到火灾现场，将火势控制，为此他们在不同的地方修建了消防洞，并准备了随时可以使用的消防车。

二是考虑人身安全。修建的消防洞能在一定程度上保证人员的生命安全，同时他们还设置了消防玻璃。这些措施对预防火灾起到了标本兼治的作用。

看了上面的例子，我们再想想自己，在面对安全生产事故时，我们有没有像上面那样举一反三地考虑问题？有没有设法消除安全隐患？

3. 建立以人为本的透明安全管理模式

透明管理就是每个基层作业人员都要明白自己的工作责任、工作要求、作业流程、考核标准；各级管理人员要对自己权限范围内的每个作业人员的现场管理情况清楚明白；各部门主管要对本部门的安全管理方案、安全管理的重点和难点心中有数。

安全管理的工作不能仅仅限于制定安全管理办法和相关文件，并进行考核奖惩的层面。安全管理的重点是一线生产员工，管理者要学会将自己的管理思路、目的和方法真实地传达给每个人，让每位生产员工都能清楚自己的任务，明确本职工作的流程、职责和考核标准。这样全体员工都会重视安全生产问题，并在实际工作中落实安全生产方针。

4. 实行多层次、多支点的安全管理

安全生产管理仅依靠某一个部门的力量是远远不够的。只有通过企业行政、技术、管理等部门多层次综合管理才能见实效。企业可以尝试让不同部门的管理者去其他部门任职，通过转换角色，使其从多个层面理解安全管理的重大意义。

5. 将安全生产的具体微观措施落到实处

安全生产的宏观目标是安全生产管理不可或缺的组成部分，但只有将安全生产的微观措施落实到每天的实际工作中去，才能实现真正的安全生产。因此，安全管理者应重视每天的安全生产管理工作，认真地签发和执行每一张安全工作表单，细致地做好每次设备维修，认真地对待每个工程项目的缺陷处理，才能真正实现安全生产管理。

6. 重视交流沟通机制的建立

员工与员工之间、上级和下级之间、同行企业之间只有通过交流，才能少走弯路，从他人的经验教训中吸取成功的经验。"他山之石，可以攻玉"，为了提高安全管理的效果，企业应有重点有步骤地组织各部门去同行中的主流企业中学习。

7. 借鉴成功企业的先进安全生产管理方法

对于一些经济实力和生产设备比较差的企业，借鉴与本企业相类似的成功企业的先进安全生产管理经验，不失为快速提高企业安全管理水平的有效方法。企业将其他企业的先进管理方法与自身的生产技术手段相结合，就能使企业的安全生产管理更加科学和规范。

8. 不断总结和完善安全管理制度

在当今产品更新换代日益频繁的时代，唯一不变的是每天不断的变化，生产安全管理制度也一样。随着生产要求和生产设备的不断变化，今天的生产安全制度明天或许已经过时了，所以生产安全管理者就要根据实际生产情况对制度进行随时地"修理"。这个安全生产理念实质上是指根据实际生产情况对制度进行创新和变革。企业应根据生产环境、技术、人员的变化，不断去提炼和总结最适合当代安全管理的最新的安全管理制度，使企业的生产安全管理制度始终能有效指导生产，确保企业生产的安全。

笔者箴言　　不论企业采取何种安全生产理念，其最终目标只有一个，即实现安全生产。所以，企业只要为这一目标努力，可以将多种安全生产理念综合运用。

思考题：

1. 你知道安全生产有哪几种经典理念吗？

2. 你是否把这些经典理念运用到了本企业的安全管理中？

四、杜邦公司安全管理模式

美国杜邦公司 1802 年成立，公司经过 200 多年的发展，已经形成了独具特色的企业安全文化，并跻身于全球 500 强的前列。杜邦公司不但经济实力雄厚，其安全生产管理所取得的成绩更是让其他企业望尘莫及。

据称杜邦的安全记录比其他企业好 10 倍，杜邦员工上班比下班还要安全 10 倍。从 1991 年至 2005 年年底，杜邦深圳独资厂由于没有发生过任何事故而荣获总部颁发的安全奖；1993 年，上海杜邦分公司创造了 160 万工时的安全生产纪录，是当时世界最佳生产安全纪录之一；2003 年，美国职业安全局设立的"最佳安全公司"奖获奖企业中，有 50% 的公司曾接受过杜邦的安全咨询服务。

杜邦公司是不是从来都没有发生过任何安全生产事故呢？当然不是。杜邦公司发展的前 100 年以制造火药为主，虽然 1811 年 1 月 1 日杜邦公司就有了第一份安全生产规章制度，但安全生产事故还是发生了：1815 年，杜邦公司发生了第一次爆炸事故，造成 9 名员工死亡；1818 年，公司又一次发生了安全生产事故，这次造成了 40 人死亡，此时剩余员工看到惨不忍睹的爆炸现场，纷纷从工厂逃离。这个时候，杜邦的生产管理部门并没有灰心丧气，坐以待毙，而是深深意识到：仅仅有安全管理制度还远远不够，只有真正将安全生产制度落实才能防止安全生产事故的发生。于是，杜邦管理层立即采取了如下行动：

（1）对员工进行岗位安全教育和培训，杜邦管理层和员工一起工作，并向员工示范标准的生产安全操作程序。

（2）管理层人员必须对新机器和新设备最先进行操作，确定了正确的操作方法和设备的安全性后，才让员工操作。

（3）在对安全生产事故的调查和分析的基础上制定安全规章制度，比如，造成 1818 年大爆炸的原因是员工酒后操作，于是公司就制定了严禁作业期间饮酒的规定。

在 19 世纪末，杜邦的生产活动已经扩展到火药之外的很多领域，公司早期的安全生产规章制度也已经不再适应实际生产需求。于是杜邦的管理层又采取了新的行动：

（1）引入适应生产实际的新安全管理规定并以文件形式向所有员工传达，比如，对空中走道和楼梯必须加装扶栏；在所有机器的转动部分都必须装上安全防护措施；佩戴个人防护设施后才能进行化学品操作等。

（2）给员工颁发"急救手册"。

（3）成立专门的安全研究小组起草安全管理规定，引进先进的安全设备，设立安全经理职位，在生产部门成立预防事故委员会。

（4）开始收集安全数据并对安全管理的缺陷和漏洞进行分析，查漏补缺，在企业内部采取相应预防措施。

杜邦经过 200 多年的发展之所以常胜不败，与其长期坚持安全生产管理的核心价值是分不开的。在对生产实践的分析和总结的基础之上，杜邦提出了如下管理理念（见表 2-2）。

表 2-2　杜邦十大安全管理理念

杜邦十大安全管理理念	①企业可以预防任何安全管理事故；
	②各个管理层应对自身的安全管理负直接责任；
	③企业能够控制所有安全操作隐患；
	④被雇用员工的第一个条件是安全；
	⑤员工必须接受安全教育培训；
	⑥各层安全管理者必须进行安全检查；
	⑦一旦发现任何安全隐患，应及时进行更正；
	⑧良好的安全管理能做成好的买卖；
	⑨工作中和工作外的安全同样重要；
	⑩员工直接参与是安全管理工作的重中之重。

杜邦公司对在生产管理中设备技术、工艺技术及员工具体有哪些要求呢？

（1）设备技术。

①使用新设备前要对其进行安全检查，并且制定检查清单并由技术负责人员签字。

②定期对设备的完好性进行检查。

③对管道的移动等设备改造进行安全评估。

（2）工艺技术。

①工程师和操作人员要理解和熟悉工艺原理、原材料性质、设备使用方法，严格按照操作规程进行生产作业。

②操作安全手册每三年进行一次更新。

③加强对工艺过程更改的管理，对改变的要点是否考虑了安全和环境问题，负责人签字等都要说明。

④分析工艺危险。每五年对工艺危险进行一次全面细致的分析，对可能出现爆炸事故的工艺每三年要进行一次全面分析，分析过程中要有建议和备案。

（3）员工。

①对员工要进行安全生产培训，特别要重视对从事复杂工艺的员工的安全技能的培训。同时，每半年要对安全培训技能进行一次温习，培训要有相关的记录和备案。

②外部承包人员要经过针对性安全培训后才能上岗。

③要召集相关人员对安全生产事故进行调查，讨论事故发生原因、提出建议，经理签字后，提出解决期限，并通报其他部门组织学习安全生产事故的经验和教训。

④变动人员在重新进行过安全技能培训后才能上岗。

⑤在应急计划手册中规定应急情况准备反应。应急计划手册中应规定出现应急情况时每个人的工作范围，应急责任人和指挥者是谁，负责人集合点在哪里等。对隐藏的问题要及时发现和整改，每年都要进行一次演练。

⑥工厂中每个危险化学物品都要有厂级、车间和班组三级预案和计算机模型。

⑦为了保证所有设备的安全运行，要定期对其进行检查。

杜邦的生产安全管理措施如下（见图2-3）：

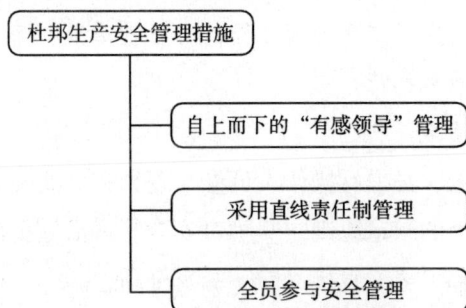

图 2-3　杜邦生产安全管理措施

1. 自上而下的"有感领导"管理

杜邦一致认为，坚持卓越的企业安全管理文化才能取得良好的安全管理业绩。而"有感领导"是企业安全文化得以维持和发展的唯一途径。

全员参与安全生产管理是杜邦安全文化的实质。各个管理层以身作则是全员参与安全管理的基础，所有安全管理规定的制定应自下而上，管理者必须为员工树立遵循安全管理规定的榜样，同时还应为员工进行安全生产提供相应的资源保障。

2005年9月23日，杜邦集团得知巴西一名员工在9月22日因安全生产事故去世，杜邦公司CEO立即终止在奥兰多参加的由杜邦公司赞助的"世界工作场所安全管理峰会"，立即返回总部对事故情况进行了解，并在23日向全球杜邦公司发出E-mail进行通报。

作为在全球70多个国家却拥有子公司的大型跨国企业的CEO，终止了一次相当重要的会议去亲自关注一起安全生产事故，显示了杜邦对安全生产管理的高度重视，这也是杜邦"有感领导"的真实写照。

2. 采用直线责任制管理

采用直线管理后能让各业务部门更加明确自身安全管理的职责和任务。公司的安全经理为公司引入先进的安全管理规范，是公司的内部安全顾问，安全管理规定的执行和检查工作则需要各业务部门具体承担。采用直线责任制管理后，每个业务部门的经理都要对所管辖区域的人员的安全负责。

在休斯敦杜邦社区，杜邦公司有4个分厂，厂区的总经理就要负责这4个工厂的生产安全；而各厂的厂长要负责自己所在厂区的业绩安全；每个厂的每个部门就要负责该部门所在区域所有员工、参观者以及承包商的安全；每个厂区的安全经理都是总经理的安全管理顾问，负责引进先进的安全管理方法，对厂区的安全数据进行分析，提出宏观安全管理方面的可行性建议，而总经理会对这些标准和建议进行筛选、采纳和执行。

3. 全员参与安全管理

安全管理模式规定，必须有操作人员参与现场相关的安全管理程序的制定工作，并且遵循自下而上的制定原则；奖励对安全管理措施提出改进建议和意见的员工，充分体现了杜邦"员工直接参与"的安全理念。

在杜邦新加坡厂，员工都会参与每个安全管理委员会的工作，这样一线生产员工在安全生产管理方面就有了充分的发言权，同时，新加坡每年都会对新员工进行安全规范培训。

杜邦所有工厂的安全检查都会由全员参与。新加坡厂的安全检查一般都会安排员工和管理人员一起检查。这样一方面能使员工感觉到安全管理方面的"有感领导"，同时还能实现互补，管理人员对宏观方面的管理比较了解，而员工对生产制造现场比较熟悉。由于和管理人员一起进行安全检查的人员不固定，所以更多的员工都能参与进来。

杜邦公司的全员参与安全管理模式还体现在对员工的安全激励制度上。杜邦设立的董事会安全奖就是对没有发生过安全生产事故的厂区的所有员工进行奖励。这种制度极大地鼓励员工不但自己要遵守安全生产管理制度，还要去主动地提醒同事也去遵守安全生产管理规定。

笔者箴言　借鉴杜邦安全管理固然重要，但更重要的是安全管理并非一成不变，它需要企业在运用中不断完善，使其更加符合企业安全生产。

思考题：

1. 杜邦公司的安全管理理念及措施有哪些？

2. 你是否深刻理解了杜邦公司的安全管理模式？

第三章　重大危险源安全管理

本章提要：

▶ 重大危险源的认知与管理

▶ 重大危险源辨识的程序及方法

▶ 重大危险源评价的程序及方法

▶ 重大事故应急计划的要求及内容

一、重大危险源认知

随着社会经济、科学技术的发展，人们遇到的重大安全事故也越来越多，火灾、爆炸、中毒、环境污染等安全事故给人们的生活、生产带来了严重的危害，已经成为人们极为关注的敏感问题。

近几年来，我国发生了很多重大工业事故，给人们的生产生活带来了重大的危害并造成了巨大的损失，表3-1是我国近几年来发生的重大工业事故。

表3-1　近年来我国的重大工业事故

时 间	公司名称	事 件	死亡人数（人）	受伤人数（人）	设备/建筑损失	经济损失
1997年6月27日	北京东方化工厂	火灾爆炸事故	8	40	烧毁储罐17个，储料2万吨	1亿多元
1999年6月12日	深圳市某电子厂	火灾	16	59	约4400多平方米建筑面积的四层厂房全部烧毁	300万元
1999年9月2日	某工业集团公司八〇五厂	爆炸事故	3	13	光气室及设备全部被炸毁；已完成70%的新建工程也遭到严重破坏	4821万元

续表

时　间	公司名称	事　件	死亡人数（人）	受伤人数（人）	设备/建筑损失	经济损失
2003 年 12 月 23 日	重庆市中石油川东钻探公司	特大井喷事故	243		6 万多人被紧急疏散	
2004 年 4 月 15 日	重庆天原化工厂	氯气泄漏发生爆炸事故	9	3	15 万群众被紧急疏散	
2005 年 9 月 19 日	江西省地方煤炭工业公司昌丰煤矿	瓦斯爆炸	10	4		280 万元
2005 年 11 月 13 日	中石油吉林石化分公司双苯厂	爆炸事故	8	60	严重污染了松花江水	6908 万元

上述重大事故的发生频率之高令人毛骨悚然，同时也让我们认识到，现代化工业生产的背后隐藏着巨大的危险。那么，这些事故发生的原因是什么呢？

通过对各项重大事故进行的调查发现，这些工业事故的发生，都是由重大危险源失控造成的。1970 年以来，重大危险源的安全管理开始引起了社会的高度关注，成为现代工业企业安全管理的一项重要工作，也成为各国社会经济技术发展的重点研究对象之一。

那么，什么是重大危险源呢？

重大危险源是指长期或临时地加工、生产、搬运、使用、储存的危险物品的数量等于或超出临界量的单元，包括设施和场所，但不包括核设施、军事设施等。可见，确定是否为重大危险源的核心要素是危险物品的数量是否等于或者超过临界量。

何谓"单元"和"临界量"？单元是指一个设施或生产装置，或属于一个工厂且边缘小于 500 米的几个设施或生产装置；临界量则是指某种危险物品在单元中的数量等于或者超过其规定的数量，不同危险物质的临界量不相同，由其性质决定。

1. 重大危险源分类

（1）根据危险源的场所、性质、设备、设施的不同，可以将重大危险源分为 9 类：

①储罐区重大危险源，它包括气体储罐区，可燃液体储罐区，毒性物质储罐区；

②生产场所重大危险源，它包括有燃烧危险的生产场所，有爆炸危险的生产场所，毒性物质库区；

③库区重大危险源，它包括易燃、易爆物品库区，火炸药、弹药库区，有中度危险的生产场所；

④压力容器；

⑤压力管道，它包括公用管道，长输管道，工业管道；

⑥尾矿库；

⑦锅炉，它包括热水锅炉，蒸汽锅炉；

⑧煤矿；

⑨金属、非金属地下矿山。

（2）按照重大危险源在意外状态下可能发生事故的最严重后果，分为以下4个级别，见表3-2。

表3-2　重大危险源

重大危险源	一级重大危险源	即可造成特别重大事故，一次死亡30人以上或直接经济损失3000万元以上的危险源
	二级重大危险源	即可造成特大事故的，一次死亡10~29人或直接经济损失1000万元以上的危险源
	三级重大危险源	即可造成重大事故的，一次死亡3~9人或直接经济损失500万元以上的危险源
	四级重大危险源	即可造成一般事故的，一次死亡1~2人或直接经济损失50万~500万元的危险源

（3）根据危害程度可分为4类：

①临界性危险源；

②破坏性危险源；

③危险性危险源；

④可忽略性危险源。

（4）根据事故发生可能性的大小可分为6类：

①极难发生类危险源；

②难以发生类危险源；

③不容易发生类危险源；

④较容易发生类危险源；

⑤容易发生类危险源；

⑥非常容易发生类危险源。

2. 重大危险源管理措施（见表 3-3）

表 3-3　重大危险源管理控制措施

重大危险源管理控制措施	**1. 建立规章制度** 　　要做好重大危险源的监控工作，就必须要建立一套健全的规章制度，如信息反馈制度、审批制度、考核制度、奖罚制度等，对各种实施细则、操作规程等进行明确的规定
	2. 加强日常管理 ①要求员工严格按照日常管理的规章制度进行作业，做好任务交接的工作等； ②加强对员工的日常考核，并根据考核情况进行奖罚； ③将奖惩与班组升级结合起来，促使危险源控制水平不断提高； ④经常对员工进行指导教育。
	3. 作业安全化 ①提高作业的准确性和可靠性； ②制定合理的作业内容和形式； ③运用正确的信息流来控制作业设计； ④运用合理的操作力度和方法。
	4. 信息反馈 　　制定信息反馈规章制度，建立健全的信息反馈系统，并严格贯彻执行；管理部门要对信息反馈的情况进行定期考核，做好定期收集和处理反馈信息的工作，并及时反映给领导，以求把重大危险源的控制工作做到最好
	5. 定期检查 　　对危险源做好定期检查工作，按照检查表规定的方法和标准进行检查，并做好检查记录；对员工做好定期检查、监督的工作，以实现闭合管理的目的

3. 重大危险源安全管理责任

企业与员工各负其责，才能将重大危险源的控制工作做好，下面是生产企业与员工的责任划分。

（1）企业领导的责任。

在控制重大危险源方面，企业的领导有如下几项责任：

①有建立和维护重大危险源监控系统的责任；

②有将本企业重大危险源报送政府部门的责任；

③有如实告知事故发生原委的责任；

④重大事故发生后，企业领导有立即通知政府部门的责任。

（2）工人以及工人代表的权利和责任。

在对重大危险源的控制方面，工人们也有相应的权利和义务：

①工人必须接受安全培训、作业指导以及应急演练；

②工人有被告知重大危险源以及危险源发生事故后果的权利；

③工人有对事故报告、安全报告及应急救援程序的编写发表意见的权利；

④工人有与企业领导讨论其认为有事故风险的危险源的权利；

⑤如果工人认为即将会发生事故，他们有停工并撤离危险源的权利，但是必须在撤离后立即向上级报告。

（3）生产企业的责任（见表3-4）。

表3-4　生产企业对重大危险源监控的职责

生产企业对重大危险源监控的职责	①生产企业应按照《重大危险源辨识》、《安全生产法》等法规及申报登记范围的要求对本企业的重大危险源进行登记建档
	②生产企业要填写《重大危险源申报表》，并上报当地安全监管部门
	③生产企业如果新建了重大危险源，应该及时报安全生产监督管理部门备案；对于不再是重大危险源的，生产企业应及时予以报告并核销
	④如果重大危险源的生产过程以及材料、设备、防护措施等因素发生重大变化，或者国家有关法律法规发生变化，生产企业应该对其重新进行安全评估，并上报安全监管部门
	⑤生产企业应每2年对本企业重大危险源进行一次评估，并做出评估报告
	⑥生产企业应该对重大危险源的生产参数、危险物质、设备、设施等进行定期的检测，并做好检测记录
	⑦生产企业应全面负责并加强本企业的重大危险源的安全监控工作
	⑧生产企业应该在重大危险源场所设置明显的安全警示标志，并对其加强管理
	⑨生产企业应该定期检查重大危险源的安全状况，并建立安全管理档案
	⑩生产企业应该对员工进行安全教育培训及技术培训，使其掌握安全操作技能和各种应急措施
	⑪生产企业应该制定相应的现场应急预案，并将可能发生事故的应急措施告知相关企业和人员，而且还要每年进行一次事故应急演练
	⑫对于存在重大事故隐患的重大危险源，生产企业必须立即进行整改，采取科学、可行的安全措施，并及时上报安全生产监督管理部门

对重大危险源的安全管理是减少重大事故，保证安全生产的有效途径。各企业一定要清楚地了解重大危险源，才能加强管理，减少生产事故。

笔者箴言　　只有认知重大危险源并了解其会给企业带来怎样的影响，才能更好地做出应对措施。

思考题：

1. 学习了本节，你知道什么是重大危险源了吗？

2. 重大危险源安全管理要从哪几方面入手呢？

二、重大危险源辨识

重大危险源失控会导致重大事故的发生，但是，导致重大事故发生的原因却不一定是重大危险源失控。下面我们看一个案例。

> **案例**
>
> 一家商业购物中心的老板在大楼装修期间为了获得利益，采用了边施工、边营业的方法，结果一名焊工在从事焊接时，焊渣穿过房顶的孔洞掉入楼下的营业厅，引燃了厅内的海绵床垫，几分钟后，火势迅速蔓延开来，而且越烧越大，等到消防队赶到火灾现场时，百货大楼已经被烧毁了 2/3。此次火灾事故，导致了 3 人死亡，15 人受伤，直接损失达 260 万元。

上述案例中，严重的火灾事故是由电焊工的失误造成意外，并不是由重大危险源失控造成的。那么，究竟应该如何界定、辨识重大危险源呢？下面我们就来一一介绍。

1. 重大危险源辨识程序（见图 3-1）

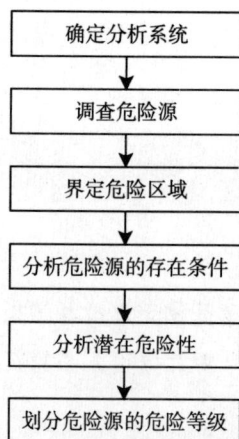

```
┌──────────────────┐
│   确定分析系统    │
└──────────────────┘
          ↓
┌──────────────────┐
│    调查危险源     │
└──────────────────┘
          ↓
┌──────────────────┐
│    界定危险区域   │
└──────────────────┘
          ↓
┌──────────────────┐
│ 分析危险源的存在条件 │
└──────────────────┘
          ↓
┌──────────────────┐
│   分析潜在危险性  │
└──────────────────┘
          ↓
┌──────────────────┐
│ 划分危险源的危险等级 │
└──────────────────┘
```

图 3-1　重大危险源辨识程序

（1）确定分析系统。

即在调查危险源之前首先要确定所要调查的生产系统，例如确定是对整个工厂系统进行调查，还是对某个生产加工过程进行调查等。

（2）调查危险源（见表3-5）。

表3-5　危险源调查的内容

危险源调查的内容	检查危险源所在的场所是否有安全标志及各种安全防护措施，如煤气、物料储存是否有安全保护措施
	对危险源的作业环境进行调查，如安全通道、生产设备布局、作业空间结构等
	调查生产材料的种类、性质、危害等情况；调查机械设备的名称及容积、温度、压力等性质，以及生产设备的缺陷等
	详细调查在操作过程中会存在的危险以及操作工人接触危险的频繁程度等
	调查此危险源过去是否发生过事故，以及事故的危害情况等；对事故发生后的应急方法及故障处理措施进行调查

（3）界定危险区域（见表3-6）。

表3-6　界定危险源区域的方法

界定危险源区域的方法	按危险源的作业场所划分	如高处作业有坠落危险的场所；化工厂有辐射、中毒、窒息等危险的场所；石油公司有发生火灾、爆炸等危险的场所
	按危险源是线源或点源来划分	一般情况下，线源所能引起的危险范围要比点源的危害大
	按危险源是移动或固定来划分	危险区域随生产设备的移动而移动即为移动危险源，如搬运设备、运输车辆等
		危险区域范围不随设备移动而移动的危险源即为固定危险源，如压力容器、储油罐等
	按危险源的能量形式来划分	如电气危险源、机械危险源、化学危险源及其他危险源等都是根据能量形式划分危险区域的
	危险设备所在的位置即为危险源的区域	如油库、化学危险源、变配电站等，它们所在的位置就是危险源区域

（4）分析危险源的存在条件。

危险源的存在条件主要包括以下几个方面：

①危险源的物理状态参数，如温度、压力、压强等；

②生产设备的状况，如设备的缺陷、设备的完好程度、设备的操作规则等；

③储存条件，如通风情况、堆放方式、潮湿情况等；

④管理条件；

⑤其他条件等。

案例

　　某化工厂购进了一批氢氧化钠，由于仓库没有仓储空间，就临时将其存放在了一个年久失修的库房里，不料，晚上下起了大雨，旧库房进水，使得大部分氢氧化钠泡在了水中，并流入地沟。

　　上述事故是由于存储不当导致了事故发生，如果氢氧化钠被存放在安全的仓库内，这起事故就肯定不会发生。可见，不同的危险物由于存在条件不同，其危险性也不同，同时，它被触发而引发事故的可能性也不同，所以，对危险物存在条件的分析是很重要的一步。

　　触发危险事故的因素有两类：

　　①自然因素，如气温、湿度、雷电、雨雪、地震等自然情况；

　　②人为因素，它又包括管理因素和个人因素，如指挥失误、安排错误等属于管理因素。

　　（5）分析潜在危险性。

　　由于危险物引发事故的表现是危险物质和能量的释放，所以，危险物的潜在危险性可以用危险物质的量或其能量的强度来衡量。

　　（6）划分危险源的危险等级。

　　危险等级一般按危险源在触发因素作用下转化为事故的可能性大小与发生事故的严重程度来划分。

　　危险源等级划分的原则是将重点突出来，以便于管理和控制。

　　2. 辨识危险源的方法

　　早在20世纪90年代，国际上就有了危险源辨识的方法，主要有：

　　（1）通过开展危险预知活动来辨识危险源；

　　（2）通过现场安全检查、核查历史事故记录等方式来辨识危险源；

　　（3）通过安全检查表和相关的法律法规及标准来辨识危险源。

　　目前，使用最广泛的是根据法规标准来进行危险源的识别，各国政府部门和权威机构都已经根据自身的工业生产情况，制定出了危险物质及其临界量标准，以便确定潜在危险源。

关于危险物质的辨识，应参考我国国家标准《重大危险源辨识》，此标准中界定了活性化学物质、爆炸性物质、易燃物质和有毒物质等 142 种危险源物质及其临界量，为重大危险源的辨识提供了依据。

在单元内，如果危险物的存在数量等于或超过规定的临界量，则被视为重大危险源，此时有两种情况：

（1）如果单元内的危险物只有一种，则按照重大危险源的定义，只要单元内该危险物的总量等于或超过相应的临界量，就被视为重大危险源。

（2）如果单元内的危险物有多种时，我们要如何对其进行定义呢？此时就需要将各危险物实际存在的数量与临界量的比值相加在一起，看其结果是否大于 1，如果相加的值大于 1，则将其定义为重大危险源；反之，则不是重大危险源。

即 $\dfrac{q_1}{Q_1} + \dfrac{q_2}{Q_2} + \cdots + \dfrac{q_m}{Q_M} \geqslant 1$

上述公式中：

q_1，q_2，$\cdots$，q_m，代表每种危险物的实际存量；

Q_1，Q_2，$\cdots$，Q_M，代表各危险物质规定的临界量。

重大危险源安全管理的第一步是正确辨识重大危险源。各企业要有效控制重大危险源，就需要根据企业本身的具体情况，系统地做好重大危险源的辨识工作。

笔者箴言　　正确辨识重大危险源可以有效提高企业安全生产的应对能力，同时也能强化员工的安全生产意识。

思考题：

1. 你知道重大危险源辨识需要哪些程序了吗？

2. 重大危险源辨识的方法有哪些？

三、重大危险源评价

重大危险源安全管理的第二步是重大危险源的风险评价，该项工作既系统又复杂，要保证重大危险源风险评价工作的顺利进行，一定要运用系统的方法，采取科学的、切实可行的措施。

重大危险源风险评价就是对危险源的潜在危险性进行定性或定量的分析，确定危险发生的可能性以及危险发生后果的严重程度。

通过危险源风险评价可以降低事故发生的频率，把事故的损失减少到最小。

1. 风险评价的程序（见图 3-2）

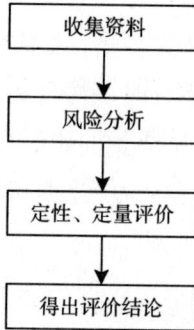

```
┌──────────┐
│  收集资料  │
└────┬─────┘
     ↓
┌──────────┐
│  风险分析  │
└────┬─────┘
     ↓
┌──────────┐
│ 定性、定量评价 │
└────┬─────┘
     ↓
┌──────────┐
│ 得出评价结论 │
└──────────┘
```

图 3-2　风险评价的程序

（1）收集资料。

危险源资料的收集包括以下几个方面：

①企业需遵循的相关法律法规及企业的要求；

②确定评价对象；

③确定评价单元及范围；

④了解评价对象的历史事故情况；

⑤了解评价对象的理化性质、原材料、主要设备仪器、生产流程以及生产场所的气象条件、地理条件等；

⑥制定评价方案；

⑦确定评价工作的计划；

⑧选择评价方法及安全标准。

（2）风险分析。

通过上述搜集的资料和现场考察、安全检查的情况，对评价对象的分析包括以下几项：

①对潜在的危险因素及危险性进行分析，既包括原有危险也包括新的危险；

②事故可能会发生的类型；

③事故发生的原因；

④分析危险事故的发生概率和后果；

⑤根据危险分析和变化得出危险性量化值。

（3）定性、定量评价。

在前两步的基础上，选择适当的评价方法，然后结合费用、效益、可靠性等指标，对评价对象进行定性、定量的评价。

（4）得出评价结论。

做好上述几步工作后，得出降低危险的最优工作评价。对计划或方案进行可行性研究，以防技术或经济上难以达到预期的效果。

2. 重大危险源评价方法

常用的评价方法主要有以下 4 种，如表 3-7 所示。

表 3-7　重大危险源评价方法

重大危险源评价方法	1. 定性法 定性评价方法是一种根据以往的经验对生产工艺、设备、环境等方面进行定性评价的评价方法。主要有 4 种方法，即安全检查表、事故树分析法、可操作性研究方法及预先危险性分析法
	2. 指数法 主要有 4 种方法： 英国的孟德评价法； 日本的六阶段评价法； 美国的 DOWN 化学法； 我国的危险程度分级法。
	3. 概率法 是指根据子系统的事故发生概率得出整个系统的事故发生概率的一种评价方法
	4. 软件法 是指通过使用计算机安全评价软件包来找出事故发生的原因，认清潜在危险并减少危险的一种评价方法 目前，用于安全评价的计算机软件包主要有 4 种： 危险发生后果模型软件； 综合危险定量分析软件； 风险辨识软件； 危险发生频率分析软件。

快速评价法。是为了使安全管理部门对重大危险源进行更有效的宏观分级管理，而对中毒、易燃、易爆等重大危险源进行评价的方法。

快速评价法的公式如下：

重大危险源的风险值 = 事故发生的可能性 × 事故后果

由于重大危险源是客观存在的，所以在使用快速评价法时，对事故发生的可能性不予考虑，只考虑事故后果的严重程度，并把它作为重大危险源风险的量度。

使用此评价方法应遵循以下原则：

（1）最严重事故后果原则。

在一种危险物有多种事故发生形态且其事故后果相差悬殊的情况下，要以后果最严重的事故形态为准；在危险源存在多种危险物质或多种事故发生形态的情况下，也要以后果最严重的危险物质或事故形态为准。

（2）估算原则。

在一种危险物有多种事故发生形态且其事故后果相差不大的情况下，要根据统计平均原理来估计其总的事故后果。

3. 确定评价方法的注意事项

在选择评价方法时，还须注意以下几点（见表3-8）：

表3-8　确定评价方法的注意事项

确定评价方法的注意事项	①根据评价对象的组成部分、作业环境等情况进行选择
	②根据评价对象的规模及其复杂程度进行选择，一般情况下，要先用简单的方法进行筛选，再确定其评价方法的详细程度，最后选择出适当的评价方法
	③根据评价对象的生产类型及其特征进行选择
	④根据危险性进行选择，对危险性高的评价对象经常会采用指数评价法等一些比较系统、比较严格的评价方法；反之，危险性低的评价对象则采用安全检查表法等一些不太详细的评价方法
	⑤根据评价目标进行选择
	⑥根据资料占有情况进行选择，因为有些评价方法必须要有必要的统计数据才能使用，如果没有相应的数据，这些方法的应用就会受到限制
	⑦根据很多因素选择评价方法，如完成评价的时间、评价企业的设施、评价人员的知识及管理人员的习惯等

对重大危险源的潜在危险及发生的可能性进行评价，对加强重大危险源安全管理，实现安全生产起到了不可忽视的作用。

笔者箴言 ➤ 加强重大危险源安全管理，离不开重大危险源的评估。否则，企业很难确定危险发生后的严重程度。

思考题：

1. 学习了本节，你知道重大危险源评价的程序有哪几步了吗？

2. 重大危险源评价的方法有哪几种？

四、重大危险源的应急计划

应急计划是控制和管理重大危险源的重要措施。它是指生产企业为减少事故的发生，降低事故造成的损失而提前制定的抢险救灾方案，是进行事故救援活动的行动指南。

1. 应急计划的目的

应急计划制定的目的有以下 4 点：

（1）在可能的情况下，避免事故的发生；

（2）消除事故蔓延的条件，将事故局部化，避免事故扩大；

（3）事故发生后，对其进行有效的控制和处理，减少事故对人和环境的危害；

（4）事故发生后，及时恢复生产、生活。

2. 应急计划的制定要求（见表 3-9）

表 3-9　应急计划的制定要求

应急计划的制定要求	①要从事故预防的角度出发制定事故应急计划
	②要从事故损失控制的角度出发制定应急计划
	③应急计划要符合国家相关的法律规定
	④应急计划应该把保护人身安全放在首位，在保证人身安全的前提下，对设备和环境做好防护措施，尽量减少事故带来的损失
	⑤应急计划应该是针对那些可能造成企业人员伤亡，设备、环境受到严重破坏的重大危险源事故
	⑥应急计划要结合本企业的实际情况，明确、具体地制定，使其具有实操性
	⑦应急计划应包括紧急情况报告，处理程序，现场应急报警程序，各类事故的应急程序，现场医疗措施等内容

3. 应急计划的内容

重大危险源应急计划包括两个部分，即场内应急计划和场外应急计划，下面我们就分别来介绍一下它们的内容（见表 3-10）。

场内应急计划是在企业发生重大事故，常规生产程序被打断时，才会启用。企业发生的小事故，没有必要使用场内应急计划。

场外应急计划与场内应急计划是相互补充的，场外应急计划必须针对由企业

表3-10　重大危险源应急计划的内容

应急计划的内容	场内应急计划	由企业制定
		场内应急计划的内容包括以下几点： ①确定危险目标； ②预防事故的措施； ③潜在事故的特点及发生的概率； ④抢险救援的实施办法； ⑤关键人员的任命； ⑥应急联系方式； ⑦警报及信号系统； ⑧应急设备储备； ⑨疏散危险区域内的人员。
	场外应急计划	由地方政府制定或与企业共同制定
		场外应急计划包括的内容有下面几点： 1. 责任 包括个人和部门的任务及责任。 2. 组织系统 主要是指挥机构、应急控制中心、执行步骤、报警系统、应急计划程序等。 3. 专业救援设备 包括重物提升设备、特殊消防设备、救护车、推土机等。 4. 应急通讯 包括参与人员、通讯中心、电话号码、求救组织系统等。 5. 专业或志愿应急组织 专业应急组织指消防队等组织，志愿应急组织指义务消防员或经过相关培训的人员。 6. 人道方面的安排 包括疏散中心、紧急供应、交通工具、伤员处理、救护等。 7. 气象与地理信息 包括事故发生当天的天气预报、气候条件、水文和地理信息等。 8. 公开信息 包括接待电视、电台新闻媒介，通知工厂人员家属等。 9. 评估 即收集同类事故发生原因的信息，进行应急训练和演习，检查和评价应急计划落实情况，调整场外应急计划等。

记录文件和安全评估报告指出的潜在危险源，事故涉及的所有组织机构都要参与计划的准备，计划要根据危险源的变化进行修改和更新，该计划要以事实和现实为基础，起到切实的作用。

4. 制定应急计划的注意事项

（1）场内应急计划由生产企业制定并实行；

（2）应急计划要根据各种情况的变化随时进行评估和修改；

（3）生产企业与应急服务机构共同执行该计划，企业要确定自己是否有足够的资源来执行该计划；

（4）生产企业要保证应急所需要的各种资源都能及时到位；

（5）要经常进行应急计划预演。

5. 应急计划演练

应急计划演练是计划制定的一部分，应急计划制定后，企业领导应对所有员工进行应急培训和演练，进而对应急计划加以完善，确保事故发生后应急计划能有效实施。

应急计划演练的目的有以下几点：

（1）使应急人员充分了解应急计划的内容；

（2）增强场内和场外应急组织、部门、应急人员之间的协调性；

（3）判断应急计划内容的准确性，是否充分可行；

（4）找出计划存在的问题和不足，及时对其进行改正；

（5）对应急设备、通讯工具、应急系统、物资供应等进行测试；

（6）积累应急经验，促进团队的团结并增强其自信心；

（7）评价演练效果并总结其间出现的问题，逐步提高员工的应急能力；

（8）提高员工的安全意识。

6. 建立应急控制中心

应急控制中心是应急计划的重要组成部分，它负责指挥和协调处理紧急事故，保证事故应急计划的顺利实施。

建立应急控制中心有两点要求：

（1）要将应急控制中心建在风险最小、安全性最高的地方；

（2）在条件允许的情况下，要建立辅助应急控制中心，避免主要应急控制中心由于各种因素不能运行而造成的风险，以保证应急计划有效地执行。

应急控制中心应包括以下几方面内容：

（1）企业厂区的详细建筑图；

（2）充足的内线电话、外线电话及无线通讯设备等通讯设施；

（3）测量气温、风速、风向等所需的仪器设备；

（4）企业员工的名单以及承包商、参观者等其他人员的名单；

（5）重大危险物资料库，包括危险物的名称、物化特性、存放条件、储备地点等；

（6）个人防护用具及其他救护设备；

（7）应急设备资料库，包括应急设备的名称、型号、存放条件、储备地点、调动方式等；

（8）关键岗位员工、地方政府及应急服务组织机构的详细地址和联系方式；

（9）应急处理法规标准手册。

7. 常用应急设备

以下是各企业经常会用到的应急设备（见表3-11）。

表 3-11　常用应急设备

常用应急设备	地下抢险设备	如备用发电机、强光照明灯、通风机等
	个人防护设备	如安全帽、手套、靴子、防毒面具、防护服、呼吸保护装置等
	消防设备	如消防报警机、输水装置、软管、喷头、呼吸器、惰气灭火装置等
	医疗支持设备	如担架、夹板、急救箱等
	建筑抢险设备	如推土机、叉车、破拆设备等
	危险物质泄漏控制设备	如泄漏控制工具、封堵设备、解除封堵设备等
	通讯联络设备	如移动通信电话、传真机、对讲机等
	高空抢险设备	如单绳卷扬机、多绳卷扬机、登高车、梯子、安全绳、起重提升设备、缓降器等

重大事故应急计划在重大危险源安全管理中起着十分重要的作用，它可以有效地减少重大危险源事故给员工生命和企业财产带来的损失，为安全生产提供了重要保障。

笔者箴言　　企业要想对重大危险源进行管控，必须做好应急计划。否则，很难在事故发生后快速控制其发展。

思考题：

1. 重大事故应急计划的内容及要求是什么？

2. 你的企业是否具备常用的应急设备？

第四章 职业病的防范与管理

本章提要:

▶ 我国职业病的现状及存在的问题

▶ 职业病的类型、特点及构成条件

▶ 企业职业病的预防措施

▶ 员工如何做好个人防护

一、我国职业病的现状

《工人日报》报道了这样一则故事:

广西外出务工人员小刘在广东一家玻璃厂打工,为了给家里攒一些钱,他每天要在粉尘飞舞,只有一个小小排气扇的车间里工作 12 个小时。虽然环境很艰苦,但为了生活,他还是坚持干了 4 年,用攒下的钱给家里盖起了两间大瓦房。

本以为好日子就要来了,然而,一天下午小刘突然感到胸闷无力,到医院检查发现自己得了矽肺病。得病的小刘在大半年的时间里就花去 2 万多元钱,而且医生说他可能活不过 5 年。小刘躺在病床上痛苦万分地说:"早知道会得这种病,给我多少钱我也不去那里打工!"

上述案例中,小刘得的矽肺病是一种常见且严重的职业病,是游离的二氧化硅粉尘通过呼吸道在人的肺泡内发生堆积,最后导致了人的肺泡丧失功能,肺组织全部纤维化。2005 年,广西职业病防治研究所对某县赴海南金矿打工的农民进行专项普查发现,被抽查的 360 人中矽肺病的检出率竟高达 42%,这个数字不禁令人慨叹职业病已经给我国劳动者的健康带来了严重的危害。

目前，我国的总体经济水平还较低，很多企业生产作业环境很差，职业病危害十分严重。

据统计，2000年我国职业病病例总数为167587例，比1999年增加15235例；死亡率也比1999年增加了7.8%。1999年急性职业中毒死亡率比1998年增加了67.7%；2000年的死亡率比1999年增加8%，而且这比例还在逐年上升。卫生部监测显示，截至2005年，我国煤炭、化工、冶金、电力、建材、电子、轻工等行业的4633952名在岗职工中有134244人患有职业病。由此我们可以看出，各企业应该加强职业病的防治工作。

1. 我国职业病现状特点

通过对我国职业病的调查发现，我国职业病的现状有以下几个特点：

（1）分布广泛。

调查显示，我国职业病防治工作涉及了三十多个行业，职业病危害的人数、职业病患者累计数量、死亡数量及新发病人数都是世界之最。

（2）职业病以尘肺为主。

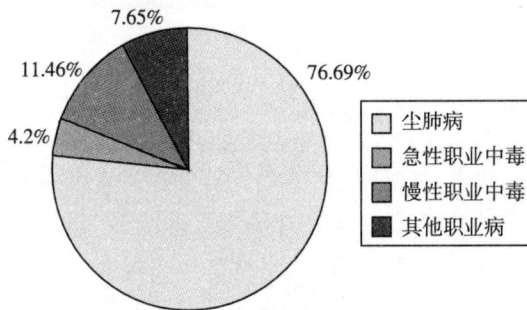

图4-1　我国职业病分类及其所占比例

图4-1是2007年全国30个省、自治区、直辖市和新疆生产建设兵团的职业病病例报告，此报告显示，2007年共诊断出职业病14296例，其中，尘肺病10963例，占职业病病例总数的76.69%，急性职业中毒600例，占职业病病例总数的4.2%，慢性职业中毒1638例，占职业病病例总数的11.46%。由此我们可以看出，尘肺病是我国最主要的职业病类型。

尘肺病中以煤工尘肺、矽肺最为严重，尘肺病患者中有一半以上是煤工。

（3）经济损失严重。

据相关部门调查显示，仅 2006 年，我国因职业病产生的直接经济损失就高达 8000 亿元，而这个数字仅仅是真实数字的一部分。专家指出，今后若干年我国的职业病发病总数还将呈继续上升趋势，造成的经济损失也将不可估量。

（4）职业卫生监督和技术服务得不到保障。

调查表明，虽然我国已经初步形成职业卫生监督及技术服务网络，但依然存在很多问题，如文化素质偏低，技术服务人员比例低及后备力量不足等问题。我国职业卫生投入自 1999 年起呈逐年增加趋势。但由于基数低，人均职业卫生投入不足，无法适应我国经济发展水平，使得职业卫生监督和技术服务得不到有效保证。

2. 我国职业病现存的主要问题

通过对我国职业病现状的分析，发现我国职业病存在以下问题（见表 4-1）：

表 4-1　我国职业病现存问题

我国职业病现存问题	1. 职业病没有引起企业和员工的重视 ①目前，很多乡镇企业及个体经营企业管理混乱，生产力低下，设备简陋，没有采取职业病防护措施 ②企业员工法制观念淡漠、整体素质偏低，对职业病认识不足 ③一些企业无视员工健康权益，致使职业病问题严重。很多劳动者尤其是农民工的社会保障及职业防护等都难以得到保障，健康受到严重影响。还有一些企业在生产过程中，对有毒有害工种采取雇用临时工的方法，一旦员工出现职业病，便予以辞退，导致很多劳动者在若干年后才发现患有严重的职业病
	2. 新型职业病层出不穷 据卫生部调查显示，1957 年到 2007 年间，我国的职业病种类已经由 14 种扩大到了 115 种。与此同时，一些新型职业病也在不断涌现，如电脑综合征、颈肩腕综合征、信息焦虑综合征等
	3. 职业病防治检测不到位 据调查显示，近几年我国职业病检测企业数量逐年下降，约下降了 40%，但企业职业病危害因素达标率却增加到 75 %。这说明随着职业卫生技术服务的市场化，职业病信息监测系统不健全，防止检测不到位，职业病检测数据已不能真实地反映企业职业危害的实际情况
	4. 职业病防治宣传不到位 虽然我国早已开始了职业病防治的宣传工作，但仍存在盲区，导致了职业卫生执法力度不够强
	5. 职业病危害因素转移严重 随着我国经济和科技的发展，很多职业病危害因素从境外向境内转移，从经济发达地区向不发达地区转移，从城市向农村迅速转移的现象非常严重
	6. 职业卫生部门缺乏协同机制 由于职业卫生涉及的部门很多，部门内往往会有职能交义，导致职业卫生协调、指挥不充分，各部门间的协同工作机制没能充分建立，职业病防治措施得不到有效落实
	7. 职业卫生标准还没有与国际接轨

目前，我国职业病的现状对各企业的安全生产管理十分不利，各企业要重视

职业病的危害，采取有效措施减少直至消除职业病，确保企业更快速地发展。

笔者箴言 在压力不断增强的时代，职业病已然成为企业发展中不可忽视的重要环节，而认清职业病现状是管理者在工作中不容轻视的重点内容。

思考题：

1. 你知道我国职业病的特点吗？

2. 我国职业病现存哪些问题呢？

二、认识职业病

案例

某单位职工小李在工作过程中得了尘肺病，经过医院治疗 2 个月后出院。但由于对职业病认识的不足，小李没有意识到自己的病属于职业病，也不知道这种病的严重后果，出院后，他又回到原单位继续从事原来的工作，最后导致病情加重，医治无效死亡。

从上述案例可以看出，由于小李对职业病的认识太少导致了严重的后果。现实中，很多企业领导班组长对职业病的认识也不全面，常常在许多方面犯错误，这就需要我们对职业病进行全面的学习。

1. 职业病的概念及类型

职业病，是指企业、事业单位和个体经济组织（以下统称用人单位）的劳动者在职业活动中，由粉尘、放射性物质和其他有毒、有害物质等职业病危害因素引发的疾病。

按照 2002 年 5 月 1 日施行的《中华人民共和国职业病防治法》，卫生部发布了《职业病目录》，此目录中共规定了 10 类 115 种职业疾病（见表 4-2）。

表 4-2 职业病目录

序号	职业病种类	职 业 中 毒
1	尘肺	矽肺、煤工尘肺、石墨尘肺、炭黑尘肺、石棉尘肺、滑石尘肺、水泥尘肺、云母尘肺、陶工尘肺、铝尘肺、电焊工尘肺、铸工尘肺、根据《尘肺病诊断标准》和《尘肺病理诊断标准》可以诊断的其他尘肺
2	职业性放射性疾病	外照射亚急性放射病、外照射慢性放射病、内照射放射病、放射性皮肤疾病、放射性肿瘤、放射性骨损伤、放射性甲状腺疾病、放射性性腺疾病、放射性复合伤、根据《职业性放射性疾病诊断标准（总则）》可以诊断的其他放射性损伤
3	职业中毒	铅及其化合物中毒（不包括四乙基铅）、汞及其化合物中毒、锰及其化合物中毒、镉及其化合物中毒、铍病、铊及其化合物中毒、钡及其化合物中毒、钒及其化合物中毒、磷及其化合物中毒、砷及其化合物中毒、铀中毒、砷化氢中毒、氯气中毒、二氧化硫中毒、光气中毒、氨中毒、偏二甲基肼中毒、氮氧化合物中毒、一氧化碳中毒、二硫化碳中毒、硫化氢中毒、磷化氢、磷化锌、磷化铝中毒、工业性氟病、氰及腈类化合物中毒、四乙基铅中毒、有机锡中毒、羰基镍中毒、苯中毒、甲苯中毒、二甲苯中毒、正己烷中毒、汽油中毒、一甲胺中毒、有机氟聚合物单体及其热裂解物中毒、二氯乙烷中毒、四氯化碳中毒、氯乙烯中毒、三氯乙烯中毒、氯丙烯中毒、氯丁二烯中毒、苯的氨基及硝基化合物（不包括三硝基甲苯）中毒、三硝基甲苯中毒、甲醇中毒、酚中毒、五氯酚（钠）中毒、甲醛中毒、硫酸二甲酯中毒、丙烯酰胺中毒、二甲基甲酰胺中毒、有机磷农药中毒、氨基甲酸酯类农药中毒、杀虫脒中毒、溴甲烷中毒、拟除虫菊酯类农药中毒、根据《职业性中毒性肝病诊断标准》可以诊断的职业性中毒性肝病、根据《职业性急性化学物中毒诊断标准（总则）》可以诊断的其他职业性急性中毒
4	物理因素所致职业病	中暑、减压病、高原病、航空病、手臂振动病
5	生物因素所致职业病	炭疽、森林脑炎、布氏杆菌病
6	职业性皮肤病	接触性皮炎、光敏性皮炎、电光性皮炎、黑变病、痤疮溃疡化学性皮肤灼伤、根据《职业性皮肤病诊断标准（总则）》可以诊断的其他职业性皮肤病
7	职业性眼病	化学性眼部灼伤、电光性眼炎、职业性白内障（含放射性白内障、三硝基甲苯白内障）
8	职业性耳鼻喉口腔疾病	噪声、聋铬鼻病、牙酸蚀病
9	职业性肿瘤	石棉所致肺癌、间皮瘤联苯胺所致膀胱癌、苯所致白血病、氯甲醚所致肺癌、砷所致肺癌、皮肤癌、氯乙烯所致肝血管肉瘤、焦炉工人肺癌、铬酸盐制造业工人肺癌
10	其他职业病	金属烟热、职业性哮喘、职业性变态、反应性肺泡炎、棉尘病、煤矿井下工人滑囊炎

2. 职业病的特点

职业病是一种人为的疾病，它的发生和发展规律也有着自己的特点。表 4-3 详细列举了职业病的特点。

在相同的作业环境中从事相同工作的员工发生职业病的概率和程度也有所不同，主要原因有以下几方面：

表 4–3　职业病的特点

职业病的特点	①目前，大部分职业病没有特效的治疗方法，最好是早发现早治疗，这样比较容易康复 ②职业病的病因是接触职业性危害因素。他们之间有明确的因果关系，病因和临床表现都有特异性，如法定尘肺是员工在工作过程中吸入粉尘造成的 ③职业危害因素的数量决定了职业病的有无、轻重、缓急 ④由于职业病的发病原因明确，所以消除职业病危害因素，可有效地降低发病率。也就是说，有效的预防措施可以防止职业病的发生 ⑤同一种职业病在发病时间、临床表现、病程进展上往往都具有特定的表现，如矽肺的病发表现为肺间质纤维化、胸部 X 线改变 ⑥在相同的职业病危害环境下工作，很少出现个体患病，常常是多人同时发病

（1）每个人的生活方式、生活习惯和文化水平不同。不良的生活习惯会加重职业病的损害程度，如吸烟、饮酒、饮食不合理等因素会加重病情。文化水平高的人对职业病有足够的认识，能够自觉地加强对职业病的预防。

（2）遗传基因的差异。一部分员工由于遗传因素患有先天性疾病，这类人容易受到职业病危害因素的侵害，如个别人先天免疫力低下，因此很容易患病。

（3）每个人的年龄和性别不同。由于年龄的不同，员工的身体状况和抵抗能力也有所不同，如未成年人和老人与青年相比更容易受到危害。性别也决定了受危害的难易程度，如女同志与男同志相比更容易受到危害。

（4）每个人的身体状况不同，有些人机体免疫功能和抵抗力很强，不易受到危害，而有些人可能患有某些疾病，会加重职业病对人体的伤害，如皮肤病会加重皮肤对有毒物质的吸收。

3. 职业病的构成条件

据调查，目前，公司白领、媒体工作者、科研工作者等从事大量脑力劳动的人群，由于长期精神紧张导致身体免疫功能下降，已成为心脑血管疾病的高发人群，他们患病的概率是一般轻体力劳动人群的两倍。但由于引起心脑血管疾病的因素有很多，所以目前还没有将它划入国家规定的职业病范围内。这说明，虽然职业病是在工作过程中产生的，但在工作过程中产生的疾病并不都属于职业病。

职业病的构成必须具备以下四个条件：

（1）患病主体是企业、事业单位或个体经济组织的劳动者；

（2）必须是在从事职业活动的过程中产生的；

（3）必须是由粉尘、放射性物质和其他有毒、有害物质等职业病危害因素引起的；

（4）必须是国家公布的职业病分类和目录中所列的职业病。

4. 职业性多发病

在工作过程中，职业病危害因素会对员工的健康有很大的影响，除了会引起职业病外，还会引起职业性的多发病。

很多时候，员工长期在有毒、有害物质的环境下工作，虽然没有患上职业病，但会造成肌体免疫功能下降，致使对非职业病危害因素所致疾病的抵抗力降低，增加发病率或加重病情。

职业性多发病与职业病不同，如司机很容易得胃病和高血压病，这是因为他们长时间开车，精神紧张，食无定时，可以说是与职业有关的多发病，但却不能算是职业病。职业性多发病和职业病病因的构成不同，职业病的病因是由单因素构成的，而职业性多发病的病因是由多因素构成的。职业病是特异性疾病，而职业性多发病是非特异性疾病。

什么是职业性多发病呢？凡是职业性有害因素直接或间接地构成该病病因之一的非特异性疾病都属于职业性多发病，常见的如矿工中的消化性溃疡、肺结核，建筑工中的肌肉骨骼疾病、妇女病等。

从某种意义上来说，职业性多发病得病的人群比职业病人群要大，影响面要广，它对员工的健康有很大的影响。通过改善工作条件，很多职业性多发病是可以得到控制或缓解的，所以，企业在安全管理中要采取一定的防护和防治措施，以减少职业性多发病的产生。

笔者箴言　　全面认识职业病，是管理者做好企业安全管理的基本任务。否则，职业病必然阻碍企业的健康有序发展。

思考题：

1. 学习了本节，你是否清楚地了解了职业病？

2. 你知道什么是职业性多发病吗？

三、 企业职业病预防

某职业病专家组通过对一家生产企业的调查发现，该企业的员工长期在铅污染严重的环境下工作且各种防护措施都不到位，该企业员工说该企业自成立以来从来没有给员工做过体检。通过对生产车间和全体员工的测试发现，车间空气中铅含量严重超标，全厂200多名员工中有100多人体内的铅含量超标。

从上述案例中我们可以了解到，目前，很多企业对员工的职业健康管理不到位。员工职业健康是企业安全生产管理的重要组成部分，各个企业都应该重视起来，做好职业病的预防工作。

下面我们介绍一下企业在预防职业病中应该承担的责任和应采取的措施。

1. 采取职工健康管理制度

防治职业病需要企业加强对职工的健康管理，把职工健康当作一项重要工作来抓，这是企业防治职业病的关键。

企业可以为职工建立健康检查制度，对职工定期进行检查，这样可以及时地了解职工的健康状况，争取治疗的时间，同时还可以对企业安排职工工作提供参考意见。

对于新入厂的员工可以根据健康检查结果查看其是否适合所安排的工作，如果不适宜，应另作安排。

对从事危险性较高工种职业的员工，要做定期检查，以便查看其健康状况是否还可以胜任该份工作，如果员工的身体状况已不能胜任这份工作，企业要对员工另作安排，以防员工受到更大的伤害。

除定期检查之外，企业还要为员工建立职业健康监护档案。健康档案起到了追踪员工健康的作用。员工健康监护档案的内容包括：劳动者的职业史、职业病危害因素接触史、职业健康检查结果和职业病诊疗等有关个人健康与职业病的资料。这些资料企业要为员工妥善保管，按规定档案的保存时间为10年。

2. 发放劳动防护用品

（1）防护用品的发放。

各单位必须根据安全生产和防止职业危害的需要，按照不同的劳动条件、不同的工种发给职工个人劳动防护用品。

（2）企业劳动防护用品的选用标准。

劳动防护用品指为了使劳动者在劳动过程中免遭或减轻事故伤害或职业危害所配备的防护装备。劳动防护品的发放关系到从业人员的生命安全和身体健康。为了规范企业劳动防护品的发放，我国《安全生产法》规定："生产经营单位必须为从业人员提供符合国家标准或行业标准的劳动防护用品。"《职业病防治法》规定："用人单位必须采用有效的职业病预防措施，并为劳动者提供个人使用的职业病防护用品"，并且"提供的职业病防护用品必须符合防治职业病的要求，不符合要求的不得使用。"

由此我们可以看出，劳动防护用品的重要性，企业要增强对防护用品重要性的认识。劳动防护用品主要分为两类：一般劳动防护用品和特种劳动防护用品。

①一般劳动防护用品。

这类劳动防护用品是目前未纳入工业生产许可证的范围和不实行安全标志管理的劳动防护用品的总称。

②特种劳动防护用品。

这类劳动防护用品必须经过质量认证，并实行工业生产许可证和安全标志的管理制度。凡列入工业生产许可证或安全标志管理目录的产品，称为特种劳动防护用品。

3. 各类从业人员防护用品的选用

（1）从事下列工作的人员发放防护服或围裙，且根据需要提供口罩、手套、套袖等防护品：

①从事井下作业；

②从事有强烈辐射或有烧灼危险的工作；

③从事可能因刺割、绞碾、钩挂磨损衣服而引起外伤的工作；

④从事有毒物和粉尘危险的工作；

⑤从事有辐射或对皮肤有刺激的工作；

⑥从事具有腐蚀性危险的工作；

⑦从事特别肮脏的工作；

⑧从事具有触电危险的工作。

（2）对从事下列工作的人员发放具有保暖效果的棉防护服，包括棉大衣、棉上衣和棉裤：

①从事煤矿井下作业和露天作业；

②从事高山、高处、野外露天作业；

③从事低温（温度在-10℃以下）、水上作业。

（3）对从事有烫伤、刺割、触电、腐蚀、磨损脚部危险的职工要发放防护鞋。按实际工作需要发放耐高温鞋、防砸鞋、绝缘鞋、防水胶鞋（靴）、防油鞋、防酸碱鞋和登山鞋。

（4）对从事有被物体打击、发辫绞碾、烫伤和粉尘危险工作的员工要发放安全帽、布工作帽、女工帽、防尘帽、防晒帽和棉帽等。

（5）对从事高空作业，有坠落、悬空危险的工作的员工要发放安全带。

笔者箴言

员工是企业发展最重要的财产，必须对其进行全面的保护，尤其是处于职业病高发的行业。员工的健康者都无法保障，那么企业如何健康发展！

思考题：

1. 企业预防职业病应该采取哪些措施呢？

2. 如何选用防护用品？

四、员工个人防护

为了预防职业病的发生，企业还应引导职工做好个人职业病的防治，只有双方共同努力才能减少职业病的发生。

为了减少职业病的发生，员工个人应该做好以下几方面工作。

1. 搞好个人卫生和自我保健

（1）要做到班后洗澡、更衣；

（2）饭前先洗手，不在作业场所饮食；

（3）讲究卫生，改掉不良生活习惯，如酗酒等；

（4）注重休息，身体过于疲劳时应向领导说明，请假休息，不可强撑，以免发生事故；

（5）合理膳食，荤素搭配合理，多食用对防治职业病有益的食物；

（6）经常进行体育运动，锻炼身体，增强体质，提高免疫力。

2. 合理使用个人防护用品

（1）正确使用防护用品。防护用品有其独特的使用方法，职工要按方法使用，既可以使防护品发挥其防护作用，又可以延长防护品的使用寿命。

（2）防护用品是保护身体的一道防线，员工在日常工作中要爱护企业发放的防护用具，加强管理和保养。一些职工认为企业发放的防护用品如防护服、防护手套等不用经常洗，这样的做法会导致防护品对员工的健康造成危害，所以职工要定期清洗防护用品，特别是一些具有防酸、防碱功能的工作服和长管面具、橡胶手套等专用防护品，使用后，要及时清洗，并且要放在专门的地方保管。

①氧气呼吸器要定期检查钢瓶气压，压力不足要及时换瓶或充氧；

②防毒面具用后，滤毒罐要用胶塞盖紧，并要牢记使用前先打开胶塞；

③滤毒罐要经常进行称重或其他检查，发现失效要立即更换；

④在噪声操作场所，从隔声间出来到现场巡回检查时应及时佩戴耳塞。

（3）工作时一定要使用防护品，穿上防护服或佩戴防护耳塞等。

3. 配合安全监测人员

根据国家规定，有关部门要对企业的生产劳动环境定期进行测定。测定时，员工要积极配合测试人员的工作，使测定结果客观正确，这样可以保证员工生产环境的质量。

4. 积极进行健康体检

无论是刚入厂的新员工还是工作多年的老员工，都要重视体检，积极进行健康体检。新员工刚入厂时，如果企业没有安排，员工可向企业要求进行体验或自行体检，这样可以及早发现自身是否适合企业安排的工作，患有哮喘的病人，最好不要从事与刺激性气体接触的工作。

工作多年的老职工，可以定期体检，至少两年要进行一次体检，这样可以早日发现问题。

5. 认真学习安全教育知识

为了保障员工的安全，企业会进行安全教育，员工要珍惜接受教育的机会，认真学习安全教育知识。在科学知识的指导下进行工作可以减少事故的发生。

笔者箴言　　再好的安全防范制度，如果没有人认真执行，安全事故依然不可控制，职业病也不例外。因而，企业需要引导员工从自身做起防范，才能更有效地杜绝职业病的高发。

思考题：

1. 你知道员工应该如何做好个人防护吗？

2. 你的企业员工是否做好了个人防护？

第五章 安全管理特色方法

本章提要：

▶ 定置管理的六大步骤

▶ 企业如何进行安全情感管理

▶ 安全员有哪些职责

▶ 员工安全培训的方式及工具

一、定置管理

众多安全事故显示了人的不安全行为和物的不安全状态是导致事故发生的根本原因。安全管理中人的不安全因素控制起来相对有些难度，但是处于静态的物品管理却容易得多。通过努力，我们可以使生产经营现场整洁有序，成品与半成品分开，报废物品及时处理。

案例

　　2007 年某家钢厂因生产经营场地的管理比较混乱，将报废的钢丝绳与好的钢丝绳混放在一起。由于工作慌忙，起吊工没有分辨清楚便将报废的钢丝用来起吊钢包，钢绳在吊包过程中折断，吊包中的几十吨钢水倾翻，车间内顿时起火。而车间出口又不畅通，造成了许多人员伤亡。

2008 年某企业曾因一个迟迟没有拆除的废弃空中走廊而造成员工死亡。这个走廊上面虚搭着一块没有承载力的钢板，旁边也没有设置警示标志，一位新职工抄近路走上那块钢板不幸坠亡。

由此我们可以看出物品的安放对企业安全有重大意义。把生产过程中不需要的东西清除掉，不断改善生产现场条件，科学地利用场所，向空间要效益；通过整顿，促进人与物的有效结合，使生产中需要的东西随手可得，向时间要效益，从而实现生产现场管理规范化与科学化，称为定置管理。定置管理是对生产现场中的人、物、场所三者之间的关系进行科学的分析研究，使之达到最佳结合状态的一门科学管理方法。

现在定置管理已被广泛地应用到生产安全管理的工作中，目的是提高产品质量和提高生产效率，同时减少事故发生。实施定置管理时要分六个步骤进行：

1. 进行工艺研究

工艺研究是为了使生产现场的工艺路线和搬运路线最优化，它是定置管理的起点。工艺研究分三个步骤来完成：

（1）对现场进行调查，详细记录现行方法。

现代工业生产的程序繁多、操作复杂，调查中可以使用规范性的符号和图表来记录，使资料更清晰。

（2）分析工作中的问题。

当调查的事实记录下来后，主管人员可以分析一下现有工艺流程及搬运路线是否合理，找出存在的问题。

（3）拟定改进方案。

找出问题后，主管人员应该针对问题进行研究分析，提出改进方案，经多方研究后可作为标准化的方法实施。

2. 对人、物的结合状态进行分析

生产过程中只有人与物相结合才能开展工作，这就需要对人与物的结合状态进行分析，看其是否合理。

按照人与物有效结合的程度，可将人与物的结合归纳为 ABC 三种基本状态：

A 状态，表现为人与物处于能够立即结合并发挥效能的状态，例如，操作者使用的各种工具，由于摆放地点合理且固定，当操作者需要时能立即拿到。

B 状态，表现为人与物处于寻找状态或尚不能很好发挥效能的状态，如一个操作人员需要某件物品时，由于物品存放地点不明确，不能立即使用工具。

C 状态，是指人与物没有联系的状态。这种状态指生产现场中存在已报废的设备、工具、模具，以及生产中产生的垃圾、废品、切屑等。这些物品不仅占用作业面积，而且影响操作者的工作效率和安全。

管理人员需要通过合理的设计消除 C 状态，改进 B 状态，使之成为 A 状态，并长期保持下去，如图 5-1 所示。

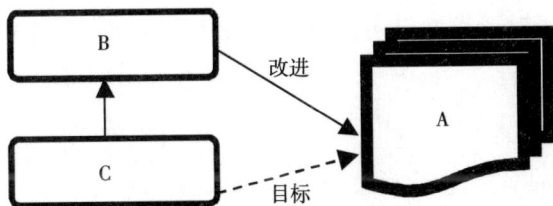

图 5-1　人与物结合状态图

3. 对信息流进行分析

工作现场中一些物品不可能都放置在操作者的旁边，要想迅速地找到所需物品，需要根据物品的存放信息，从而使人、物、场达到有效结合。

人与物的结合，需要有四个信息媒介物：

第一个信息媒介物是位置台账，它表明"该物在何处"，操作人员通过它可以了解到所需物品的存放场所。

第二个信息媒介物是平面布置图，它表明"该处在哪里"，该图具有地图性质，通过此图，操作人员可以找到存放物品的具体位置。

第三个信息媒介物是场所标志，它表明"这里就是该处"，通常由名称、图示、编号来表示。

第四个信息媒介物是现货标示，它表明"此物即该物"，可以用各种标牌、名称等来进行标示。

这四个环节一个都不能出错，一个出现错误都会给操作人员带来麻烦。因此定置管理要认真建立信息流，保证操作人员可以在最短的时间内找到所需物品。

4. 定置管理设计

定置管理设计，指对各种场地（厂区、车间、仓库）及物品（机台、货架、箱柜、工位器具等）进行科学合理的统筹安排。主要包括定置图设计和信息媒介物设计。

（1）定置图设计。

定置图是对生产现场物品进行定置，并通过调整物品来改善场所中人与物、人与场所、物与场所相互关系的综合反映图，包括室外区域定置图、车间定置图、各作业区定置图等。

主管人员绘制定置图时要遵循以下原则：

①现场中的所有有用之物都要绘制在图上；

②绘制定置图时要遵循简明、扼要、完整的原则，物形要清晰、位置要准确、区域划分要明确；

③准备清除的废弃物品不用绘制在图上，生产现场没有，但已经定置的物品要在图上绘制出来；

④为使定置物的信息更简明，可以使用标准信息符号或自定信息符号，同时要在图上对符号的含义加以说明；

⑤当定置关系发生变化时定置图也要相应地进行修改。

（2）信息媒介物设计。

信息媒介物设计，包括信息符号设计和示板图、标牌设计。设计人员在设计过程中可以使用国家规定的，如安全、环保、搬运、消防、交通等标准符号，使信息更直观形象地展示在人们面前。

5.定置实施

定置实施是理论付诸实践的阶段，也是定置管理工作的重点，其包括以下三个步骤：

（1）清除与生产无关之物。

主管人员要组织员工将生产现场中与生产无关的物品清除掉。对于能化废为宝的要尽量再使用，不能使用的可以变卖掉，增加资金。

（2）按定置图实施定置。

定置完成设计后，各车间、部门就要根据设计的要求对生产现场的物品进行分类放置，达到位置正确、摆放整齐的要求。

（3）放置标准信息名牌。

放置标准信息名牌要做到：有图必有物，有物必有区，有区必挂牌，有牌必分类；按图定置，按类存放，账（图）物一致。

6. 定置检查与考核

成就贵在有恒，定置管理是一项繁杂的工作，需要主管和员工长期坚持才能取得效果。为了保证定置管理的效果，就需要设立相应的奖惩制度，定时检查和考核定置管理制度的实施情况。

定置管理的检查与考核即定置后的验收检查和定置后的考核。

定置后验收指检查各车间、部门是否按规定进行定置，定置不合格者要重新定置。

定置工作完成后，还要长期考核各车间、部门是否按原有的定置进行保持，这项工作比较烦琐，主管人员可以通过定置考核的基本指标即定置率，来核算车间部门的定置情况。

定置率表明生产现场中必须定置的物品已经实现定置的程度。

计算公式为：

定置率 = 实际定置的物品个数（种数）/ 定置图规定的定置物品个数（种数）× 100%

笔者箴言

定置管理在企业管理中的效果非常明显，但需要管理者依据实际情况不断改进，才能将定置管理方法发挥得更好。

思考题：

1. 学习了本节，你知道如何实施定置管理吗？

2. 你的企业实施定置管理了吗？

二、安全情感管理

提到安全管理，人们的印象中就会想到"严"和"罚"两个字。在管理者的眼中只有"严"才能保证安全工作的顺利进行，只有"罚"才能提高职工的安全警觉性，以此达到安全管理的效果。

事实上，这只是对安全管理的片面理解，员工是有感情的人，有七情六欲，管理人员若只把员工当作挣钱的机器，对职工的管理态度生硬，不注重员工的情感，员工只会机械地工作，对安全的认识也会很淡薄。

孙子兵法早就告诫我们"攻心为上，攻城为下；心战为上，后战为下"。有的企业只把员工当作挣钱的机器，认为只要按时把工资发放给员工就可以，员工的喜怒哀乐一概不管，使得员工没有主人翁意识，这样会为安全事故埋下隐患。一位大型国有企业的总经理曾多次在不同场合情真意切地强调："要怀着深厚的阶级感情，像爱护自己兄弟姐妹一样去搞企业安全工作……"这位老总在用自己多年的管理经验向安全管理人员指出安全管理的一个重要方法——用情感进行安全管理。

以人为本的安全管理，要求管理人员要学会了解、调解员工的情绪，并帮其控制不良情绪。某企业一员工因与妻子吵架心情不好，工作时情绪低落，精神不集中，错拿了化学原料而引起车间爆炸，造成了重大的伤亡事故。此类安全事故还有很多，这些事实都在提醒安全管理人员，要注重员工的情感效应。

管理工作中注重员工的情感效应并不是要放纵员工，不遵守规章制度。用法律治理安全，用制度规范员工行为，已成为法治时代的趋势，也是安全工作的有力手段。只有使员工遵守法律和制度才能使安全工作有序进行。使用情感管理员工是要求管理人员将员工当作有血有肉的人来管理。

（1）要认识人，注重员工的内涵。

员工已由原来"经济人"转变为"社会人"，不但有工资上的需求，而且有多种社会需求。管理者需要了解员工的社会需求，使员工热爱自己的工作。安全管理人员在日常管理工作中要尊重员工、信任员工，增强员工的归属感和凝聚力。一些安全管理人员在现场发现了员工违章操作时，就会大声地训斥员工，毫不顾及员工的自尊心，这种粗放式的管理，并不能使员工真正地认识到自己的错误，不能让员工心服口服。

（2）要适当地激励员工。

"掌声可以使一只脚的鸭子变成两只脚"，这句话形象地说明了激励对人的作用。安全管理也要通过对员工的激励，激发员工的安全潜力，使员工主动去按章操作，而不依靠发号施令。

案例

　　某企业使用情感管理激励法，取得了良好的安全管理效果。这家企业对表现良好的员工给予了充分的肯定，"你的表现很好"、"你对企业安全生产做出了很大贡献"等赞美之语使得员工心里很暖，日常工作中员工的工作热情更高。对于表现突出的员工，还会评比为"安全明星"，并给予一定的物质奖励，这些活动激发了员工的安全意识，成本最低，回报却最高。

　　（3）让员工的家人参与到企业的安全管理中来。

　　家是员工安全的屏障，父母、爱人和孩子是员工最大的牵挂。安全管理人员可以从家庭情感出发，提示员工生命不只属于自己，还属于家人，要以情动人。

案例

　　某企业每年年初都会与职工的家庭签订《职工安全协议》。这样可以使职工家属认识到家庭和谐对员工情绪的影响，使员工家属承担起安全教育的义务，并要求员工家属定期给员工写一封安全提醒信，使员工认识到安全生产的重要性。

　　这些活动使得该企业的安全管理工作取得了良好的成绩，职工发现并制止同事间不安全行为 180 余次，防止事故发生 17 次，实现安全生产 800 多天。

　　由此可以看出让员工的家人参与安全管理的重要性。当然，还有一些企业在作业现场设置"亲情墙"。具体的"亲情墙"实施如下：①在"亲情墙"上挂贴每位员工的全家福；②在每张照片的下面留下牵挂语，并让家属写下安全嘱咐；③将"亲情墙"设置在员工上岗必由之路。当员工看到家人一张张笑脸、一句句叮咛时，使其无论是在家还是在企业，都时时刻刻感受到家人和安全管理者对自己的关怀，使安全意识潜移默化地融入每位员工的心里，从而有效地降低事故率。

　　另外，将安全管理的触角延伸至家庭，让家属扮演好防范安全事故的"护士"角色，也是可行之举。如实施家庭慰问，即企业组织员工与其家人一起慰问工伤者或职业病患者，并在慰问结束后写下个人感受和体会。有时候，亲眼所见比宣传册中的图片或文字更令人印象深刻。

笔者箴言　员工实现自我安全管理是企业安全管理者及企业领导者必须为之努力的目标。因为员工发自内心的安全情感胜过企业千万条安全管理制度与规章。

思考题：

1. 你是否在使用情感管理？

2. 如何使用情感管理？

三、安全员职责管理

班组是企业最小的组织单位，是企业安全管理的基础，是企业的组织细胞。班组的管理好坏关系到企业的肌体是否健康。企业的安全依靠班组安全员的管理，不论是企业安全生产管理中的技术措施、管理规定，还是操作规程都离不开安全员的组织。班组安全员不仅是一线生产者，还是企业安全工作的一线管理者，因此安全员要负担起安全管理的职责。安全员的安全职责为：

● 坚持"安全第一，预防为主"的原则，定期对作业人员和新上岗人员进行安全生产、文明施工的思想教育。

● 检查员工是否严格遵守、执行各工种安全生产的规章制度。

● 及时发现事故隐患，与企业主管人员合作采取有效措施，防止事故的发生。

● 协助企业安全管理的主管人员制定和落实安全措施，检查厂房设备、电器的安全使用情况。

● 及时报告工伤事故，做好事故调查工作和安全检查原始记录。

● 负责督促和检查生产过程中个人防护用品的发放和使用。

● 总结经验教训，协助企业管理人员制定防止事故发生的措施。

● 经常检查工地安全标语牌及各种安全禁令标志是否完好无损，督促文明施工的有序进行。

安全员是企业安全管理的第一把关人，安全员要想尽职尽责地将安全工作做好就要做到"四勤"。

1. 脑勤

指安全员要善于学习，勤于思考。安全员需要掌握三个方面的知识，第一，掌握与生产有关的操作规程和生产工艺流程知识，安全员不仅要有实践知识，还要有丰富的理论知识。安全员只有保证自身的业务水平高于班组职工，才能更有效地指导职工安全生产。第二，掌握国家有关安全生产的方针、政策、法律法规。安全员要对这些法律法规牢记在心，不但可以提高安全员的安全责任意识，而且教育班组员工时也可以有理有据。第三，掌握安全生产应急预案，发生事故时，安全员要冷静，处变不惊，做好职工安全生产工作的"领头人"。

2. 嘴勤

指安全员要经常提醒职工。安全员在日常工作中对于职工违反安全生产的行为要及时提醒，不能碍于情面或由于懒惰而对违规行为视而不见。安全员在班前，要认真讲解安全注意事项和安全技术要领。在班后要对存在的违章行为进行总结，表扬遵守规章制度的好员工，同时也要对违章人员提出批评并进行纠正，要以理服人，使违章人员充分认识到违章的危害，消除不安全因素。

其中，沟通是安全员必须进行的日常工作。沟通是一门技术，安全员需要掌握一定的要领：打铁自身硬。

首先，安全员必须做到不违章违纪，思想作风过硬，这样才能树立良好的形象，获得员工的尊重，谈话才有力度。

其次，安全员应尊重每一位员工，对待员工热情、开放，积极帮助员工解决工作及生活中的困难，经常联络与员工的感情，赢得大家的信赖与支持，为沟通工作铺平道路。

再次，安全员对于每一次谈话都必须高度重视，对于谈话过程中有可能遇到的一系列问题要沉着、冷静，进行周密的思考。

最后，安全员要时刻关心员工的工作和生活，热情帮助进步慢的员工，多给他们提供学习和培训的机会，不断提高其安全技能。与此同时，安全员还要与员工进行换位思考，站在员工的角度分析问题。

3. 手勤

指安全员要动手营造一个重视安全的环境。环境造就人，当企业内有一种注重安全的氛围时，员工便会自觉增强安全意识。这就需要安全员在平时通过对各种安全规程、制度和国家有关安全生产的方针、政策、法规的综合利用，使员工熟练掌握安全生产知识，提高职工的安全素质。宣传的方式可以包括制作黑板报、知识小卡片、标语牌，张贴宣传画和组织召开安全故事会、举办安全知识小竞赛等形式。通过这些形式可将安全知识融入到员工的心里，引导和激励职工的安全行为。

4. 脚勤

指安全员要勤于检查。班组安全员除了完成个人的工作外，还要对生产工作进行督查。安全事故多发生于生产中，安全员要经常在生产中多走动，检查装置是否安全、环境是否整洁、行为是否规范、劳防用品是否穿戴整齐、操作是否标准、作业是否规范等一切可能存在安全隐患的环节，并对存在的问题进行纠正。

笔者箴言　　生产一线不仅是生产重地，也是企业健康发展的重地，班组长是一线安全管理的重要带头人，其身兼的安全责任不容小视。

思考题：

1. 安全员有哪些职责？

2. 安全员如何做好企业安全管理的第一把关人？

第六章　生产作业安全管理

本章提要：

▶ 杜绝习惯性违章

▶ 实行标准化作业

▶ 进行设备保养与维护

▶ 改善作业环境

一、杜绝习惯性违章

案例

以前，一个学徒学习剃头。开始学习时，他每天都按师傅的要求，在冬瓜上练习刀法。小学徒每次练习得都非常认真，但每次他练习结束后，都会将剃头刀插在冬瓜上，久而久之，这成了他的一个习惯，小学徒的长进非常快。过了一段时间，师傅为了考验他的技艺，就让小学徒为他剃头。在操作过程中，小学徒精湛的技术不断受到师傅的称赞，但令人万万没有想到的是，在理发马上结束时，他将师傅的头当成了经常练习用的冬瓜，习惯性地一刀插进去，可怜的师傅因此命丧黄泉。

在这个貌似可笑但很严肃的例子背后反映了这样一个事实：习惯性违章后患

无穷。

习惯性违章是长期工作中逐渐养成的不规范、不安全的工作习惯。习惯在高空作业时不系安全带，习惯在装置现场不戴安全帽，习惯在易燃易爆危险场所开着通信工具等都是习惯性违章。习惯性违章行为会对以后的安全生产埋下安全隐患。

1. 习惯性违章的危害

习惯性违章作业是生产过程中不遵守安全操作规章从而形成了不良工作习惯或作业方式。违章作业是违反科学生产规律的盲目生产行为，有很大的安全生产危害。

据调查，当前大多数事故的起因都是违章操作。习惯性违章已经使违章成为一种习惯，对违章的危害已经麻木，因此习惯性违章操作比一般违章操作更危险、更隐蔽，是危害职工生命安全的隐形杀手。进行事故原因分析时发现，70%~80%的人身伤亡事故是由习惯性违章造成的。

偶然性违章行为只是个别个体的违规行为，大多是由于缺乏安全技术知识造成的，一般通过安全技术培训或监护措施就能避免再次出现。但习惯性违章则不一样。经常进行习惯性违章操作的作业人员一般都对安全规程和规定十分了解，也知道自己的习惯性违规行为会造成什么危害，但他们还是常常明知故犯，有章不循。他们认为"艺高人胆大"，只按照自己认可的作业行为方式作业，无视安全规章的严肃性和权威性。一旦发生安全生产事故，他们往往既是肇事者，又是受害者。

违章行为一旦出现，就会像瘟疫一样传播。如果违章作业行为频频发生，人们就会对这种行为习以为常，失去对违章行为的警戒心理，久而久之，就会形成习惯性违章。这时要想纠正这种行为，就非常困难了。习惯性违章埋下的安全隐患就像一颗定时炸弹，随时都有可能爆发，一旦爆发，后果将不堪设想。

2. 习惯性违章产生的原因（见表6-1）

表6-1 习惯性违章的主观原因

习惯性违章的主观原因	1. 作业人员对违章行为的期望程度。 取巧心理——在距离班组或仓库比较远的生产现场工作时，常常要进行重复性的操作作业，一些员工觉得来回作业非常麻烦，为了方便，会出现不按规章制度执行，将几项操作内容擅自合并，不使用相应安全防护用具等违章现象 侥幸心理——作业人员在现场操作时有时会出现侥幸心理。他们认为严格按照规章制度执行太麻烦，不严格按照规章制度执行或执行不到位，不算是违章行为，他们有时认为偶尔出现一些违章操作不会有任何安全隐患

续表

习惯性违章的主观原因	逐利心理——企业制定奖惩制度的目的是提高生产效率。在计件或计量工作中，个别作业人员为了追求高额计件工资或高额奖金等，不顾操作程序和规章制度，只盲目地加快操作速度，没有科学地对操作程序进行改进
	偷懒心理——个别员工面对公司的责任处罚制度，认为"多一事不如少一事"，操作越多出事的可能性就越大，因此，他们甘愿当副班也不愿认真学习操作技能或专业知识，负责人让干什么他们就去干什么，这样责任少了但工资并不会少。在这种偷懒心理作用下，这些副班履行职责时就不会尽职尽责，生产就缺少了一道监督关口
	2. 作业人员高估自己的行为能力 逞强心理——作业人员操作时不按安全生产规章作业，常常盲目操作，自以为是。个别作业人员认为自己高人一等，例如，安全规章规定作业前应对现场的设备进行核实，但他们自称对现场设备非常熟悉，逞强蛮干，这时往往会出现错误调度或违章操作，导致安全生产事故的发生
	帮忙心理——生产现场常常会出现刀闸拉不动、开关推不到位等现象，这时操作者经常会让同事帮忙。若帮忙者不了解设备，但碍于情面或出于表现欲望盲目操作，就会造成安全生产事故
	自负心理——一些作业人员由于不信任设备的可靠性，作业过程出现设备故障或异常现象时，他们一般不是停止操作，检查自身的操作是否出现问题，而是一味地认为一定是设备出现了问题，常常强行打开设备的防误装置，继续进行操作
	冒险心理——在生产过程中，可能会出现生产现场条件比较恶劣的情况，这时严格按照安全生产规章制度执行不太现实，作业人员应根据实际情况穿戴合适的安全防护用具，采取相关安全措施。但有一些人员却没有采取任何安全措施，冒险进行操作。例如在消除个别用户电路故障作业中，个别作业人员为了不影响所在区域的正常供电，不穿戴防护用具，带电搭火作业
	3. 工作氛围对违章作业人员的影响 从众心理——如果一个车间的大多数作业人员以前经常进行违章作业，技术负责人或班组长违章指挥都没有出现过问题，员工就会觉得违章作业是司空见惯的事。看见别人违章操作，上级没有处罚，也没有出现过安全生产事故，因此他也会逐渐开始在作业过程中违章违纪，并会养成不良习惯
	盲从心理——企业新进员工一般会和老员工建立师徒关系，师傅教徒弟的过程中，会把自己多年积累的作业技能传授给徒弟，但也会将自己习惯性违章操作传授给他。如果新员工对老员工传授的经验不加判断，盲目接受，极有可能会成为违章事故的受害者或责任人
	好奇心理——在运用新设备的过程中，一些员工会出于好奇心希望自己动手实践，若他对设备情况不熟悉，就很容易发生意外事故

　　上面我们从违章作业的主观原因进行了分析，这些主观原因是习惯性违章作业产生的决定性原因。除了上面的主观因素外，产生习惯性违章操作还和下面的客观因素有关（见表 6-2）。

表 6-2　习惯性违章的客观原因

习惯性违章的客观原因	1. 较差的作业环境 作业环境是产生习惯性违章作业的重要原因之一。如果作业现场出现温度过高、湿度过大、噪声超过了安全分贝、空间太狭小等情况，作业人员就会难以忍受这样的工作环境，想尽快避开。在这种环境下进行工作，工作质量很难得到保证，同时也很容易导致员工的违章违纪冒险作业。因此，技术管理人员应根据作业实际情况，按照科学性和合理性的原则对工作环境进行改善
	2. 不合理的人机界面设计 由于人机界面设计不合理，作业人员使用的工器具不能满足高效、安全、方便的生产要求，很容易引起人员违章操作。目前我国尚未全面实行产品安全质量认证制度，企业并没有认真地考虑安全工器具是否适应操作需要。作业人员在使用安全器具时常常会感到不舒适，因此不愿佩戴。例如，如果安全帽没有透气功能，员工夏天佩戴就容易在露天作业时中暑，因此员工夏天就不愿佩戴安全帽

习惯性违章的客观原因	3. 不完善的管理 　　生产管理不完善是导致违章作业的重要客观原因之一。安全系统工程理论认为安全生产事故的直接原因是管理不善，管理不善是造成事故隐患的根本原因。管理不善主要表现在以下三点： 　　生产管理有漏洞。管理者应同时管理好人员和工器具，但好多企业只注重人员管理，却不重视安全工器具的管理，如果作业人员使用过期的或有质量问题的工器具，就可能发生安全生产事故 　　生产组织不合理。管理人员在组织班组成员时，若安排不当就会导致组员间出现人际关系摩擦，组员在生产中就不会相互配合；若安排工作时间过长，就会造成作业人员疲倦。这些都会引起人员责任事故 　　指挥不当。管理人员如果不熟悉安全规定和相关作业安全规程，在生产中就会违章指挥，出现作业人员无证上岗，以及违规作业等情况。这种影响面非常大，也很难纠正

3. 习惯性违章的特点（见图 6-1）

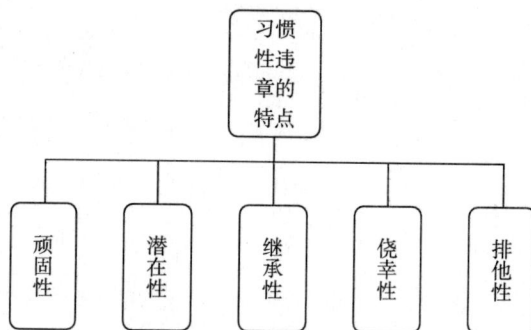

图 6-1　习惯性违章的特点

（1）顽固性。

"冰冻三尺，非一日之寒"，习惯性违规是日积月累形成的，因此具有一定的顽固性和多发性。只要不纠正习惯性的作业方式，违章作业就会一直重复发生，总有一天这种违规方式会受到安全生产事故的惩罚。

案例

　　进入安全现场戴好安全帽并将带子在下颌系紧是生产现场多年来要求的生产原则，但总是有一小部分员工不遵守，有的员工即使戴上也是为了应付检查，没有正确佩戴。1998 年，某尼龙厂的一名员工在查找管线漏点的过程中，没有系好安全帽的下颌带，导致安全帽脱落，没有保护的头部不经意就被管线铁皮剐伤，缝了二十几针。

由于习惯性违规具有顽固性特点，因此要消除习惯性违规，需要长期的努力。

（2）潜在性。

通过分析安全生产事故的原因我们发现，几乎所有安全生产事故都不是故意造成，而是由生产习惯造成的。虽然作业人员在作业前也采取了相关安全保护措施，但长期的习惯性违章往往会违反安全规章，导致安全生产事故的发生。只有在作业中不随心所欲，不偷懒，养成严格按照安全生产规章制度和操作程序作业的习惯，才能杜绝习惯性违章现象。

（3）继承性。

通过分析员工的违章行为发现，很多习惯性违章行为不是员工自创的，而是从有经验的老员工那里学来的。很多新员工为了走捷径，就对老员工的所有操作盲目效仿。由于有些习惯性违章作业省时省力，以前也没有发生过安全生产事故，因此在一批又一批的员工那里传承下来，直到出现事故员工才会意识到它的危害性。为了避免习惯性违章操作的进一步蔓延，新员工在对待老员工的传统经验时应"取其精华，去其糟粕"，根据安全生产规章制度和专业技能判断其是否可取。

（4）侥幸性。

一般的习惯性违章发生事故的概率比较小，因此有习惯性违章操作行为的员工往往认为它没有危险性，这就是习惯性违章作业的侥幸性。司机在开车时，开快车几十次都不会发生交通事故，因此很多司机的侥幸心理就不断增强。可是对交通事故的分析发现，60%的交通伤亡事故是由超速行驶引起。

（5）排他性。

企业很多老员工存在这样的问题：对安全规定和作业流程比较熟悉，工作效率也比较高，却不想学习新规章或规程。他们常常凭经验想当然地进行作业，总认为自己的习惯性作业方式既省力又管用，即使参加过新工艺和新操作方式的培训，也依然"旧习不改"，坚守自己以前的习惯性违章操作。

4. 消除习惯性违章的措施

习惯性违章给企业和个人带来惨重伤害的例子不胜枚举。因此不能对习惯性违章行为听之任之，具体如何消除习惯性违章行为呢？

（1）找出习惯性违章现象。

"安全第一，预防为主"永远是企业安全生产的总方针。企业要想消除习惯性违规现象，首先要找到违规现象。企业应依据标准化作业的要求和安全生产规章制度的规定等，对企业的作业情况进行一次彻底全面的大检查，将发现的违规现象及时张榜公布，组织员工进行自我检查，相互检查，并深入分析这些违规现象可能会造成的危害，让员工认识到安全生产事故的根源，从心底意识到违规作业的危害性。

（2）推行标准化作业。

标准化作业是最安全、最科学、最合理、最有效的规范化作业。实施标准化作业后，作业准备、作业实施、作业善后处理的具体操作步骤以及操作方式、作业进度、作业的关键点和待检点都将会规范化，作业的随意性和机会性就会显著减少，为消除习惯性违章操作提供了有力保障，是安全质量标准化的核心。

（3）强化班组安全管理（见表6-3）。

表6-3 强化班组安全管理的措施

强化班组安全管理的措施	1. 班组长负责第一安全责任 班组长不但是班组安全管理人员，也是班组安全作业的监督人员。班组长在消除习惯性违章行为时应做到的是：确保每位班组员工都了解本班组的工作性质及工作中可能出现的危险作业情况；每位成员都应掌握一定的安全防范措施和一定的救援技术，一旦班组出现危险情况能及时采取救援措施；建立班组长与每位组员遵章守纪的联保制度，班组中若有一人出现违章违纪操作，班长联罚，班组长违纪则全班联罚
	2. 班组成员轮流安全值周 轮流值周能实现企业明知管理，激发员工的责任心和工作积极性，同时还能培养集体安全意识，使班组文化建设朝着积极的方向快速发展 班组成员轮流值周的具体做法是：班组所有员工依次轮流担任班组安全员，在每天的班组会上组织组员进行习惯性违纪行为检查。检查可以通过自查和互查相结合的方式进行。安全值班员应对发现的违章违纪行为提出纠正意见，对自己不能解决的问题应组织集体讨论，对造成事故险兆的严重违纪行为要找出产生的原因，制定解决措施，防微杜渐
	3. 设立安全检查监督岗位 由于生产现场的作业面比较广，因此班组的安全管理人员不可能每时每刻都对每个岗位进行安全监督检查。为了落实每个岗位的安全检查工作，班组长需要设立安全检查监督岗位。具体做法是：班组长根据实际作业情况，从班组成员中挑选出4名左右综合技术很强的员工作为安全检查监督岗位的成员，保证生产作业现场有一名安全监督人员对生产一线的作业人员进行监督检查
	4. 建立班组安全学习制度 定期组织班组组员进行安全学习，能提高组员遵章守纪的安全意识。在进行安全学习时，班组长可将本班组近期发生的不安全行为进行分析，吸取教训。也可以对其他类似班组的安全生产事故进行分析和学习，同时检查自身是否存在案例中的安全隐患，一旦发现，立即讨论分析，提出消除的措施

班组是企业的细胞，是企业活动的基本单元。班组作业和企业总体生产密切相关，班组每道生产工序是否安全是决定企业生产是否安全的重要因素，因此强化班组安全管理才能保证企业生产安全。

（4）强化车间安全管理。

车间是企业生产的核心系统，在企业安全管理中具有独立功能。车间管理人员和作业人员遵章守纪为企业的安全生产提供了重要保障。建议从如下三方面加强车间安全管理。

①搜集车间违纪信息。

搜集车间违纪信息不但是车间安全监管部门的职责，也是生产一线员工的责任，这是因为一线人员是安全违章操作行为的主体。车间主要通过专职安全管理人员每天巡查和重点巡查的方法搜集违纪信息。在搜集违章信息的同时应将检查结果明确备案以备分析。

②对违纪违章信息进行分析。

为了找出违纪违章现象发生的规律和原因，为保障车间生产安全提供科学依据。各级生产及安全管理部门需要对违章信息进行分析。违纪违章信息分析包括宏观态势分析和微观结构分析。宏观态势分析是对违纪违章发生的特点、分布规律、原因结构进行分析，为现有的遵章守纪制度或措施的改进提供科学依据。微观结构分析是从微观上对违纪违规情况出现频率较高的班组或工种进行原因分析，以便提出有针对性和实操性的防范措施。

③消除和控制违纪违章行为。

车间应分析研究作业中的不安全因素，根据分析结果制定具体的改进措施，同时还要适时控制违纪违章行为，力求通过这些措施消除可能产生违章违纪行为的因素，降低违章违纪行为的发生率，确保生产安全。

习惯性违章行为出现的原因是多方面的，要杜绝习惯性违章现象，指望"毕其功于一役"是不现实的。要将其彻底消除，需要长期强化对安全生产规章制度、用人制度的推行，不断加强管理人员和生产人员遵章守纪的安全意识，不断消除作业生产中的不安全客观因素，这样企业的安全生产水平才会不断提高。

笔者箴言　　良好的习惯可以帮助员工不断提升，但是不良习惯却给企业带来无尽的麻烦，甚至是祸患。

思考题：

1. 哪些原因导致了习惯性违章？

2. 你知道如何消除习惯性违章吗？

二、实行标准化作业

案例

　　2008 年 1 月，新钢钒公司开始推行标准化作业确认卡，到 2009 年 1 月，公司的确认卡已经拟定并确认了 39 个。通过实行确认卡制度，现场职工整体反映作业比以前更细致、更安全了，同时，班组负担也减轻了。实行标准化作业能有效地预防企业安全生产事故，确保安全生产。

　　标准化作业对安全的保障作用主要体现在以下几点：

　　（1）控制人的不安全行为。

　　人、机、料、法、环是生产作业中的主要控制对象，而人是所有控制对象的核心，因为人的不安全行为是安全生产事故产生的根源。实行标准化作业后，程序化的作业和复杂的管理就会融为一体，人在作业当中的行为就会得到有效的规范、约束和控制，就能将事故发生的可能性降到最低。

　　（2）防止"三违"现象的出现。

　　标准化作业对各项生产作业的安全要求是：管理标准、技术标准、工作标准，要在作业中严格按照动作要领和操作程序进行作业。这样整个作业的操作程序和动作标准就成为相互制约，又相互联系的整体。由于采用了标准化作业后，人的行为被限制在动作标准中，这样就能从根本上控制违章作业，尤其是习惯性违章作业。

　　（3）控制物的不安全状态。

　　实行标准化作业后，企业有了安全的生产环境，保证了生产通道的畅通，物流的有序，安全设备的齐全，照明的充足，防护用品的齐全，这都能有效地消除物的不安全状态。班组标准化作业的重点是生产过程中的危险点和危险源，根据标准化作业的重点制定出的实操性较强的标准化作业方法和检修要领，能够使物的不安全状态得到有效控制。

了解了标准化作业在安全生产方面的重要作用后，我们来看如何实现作业标准化。

1. 作业分析

作业分析是为了让作业人员掌握操作机器最安全、最节省时间的方法，以达到减少不必要工作步骤，找到最安全、最迅速的工作方法的目的。作业分析的做法是调查记录作业流程的现状，分析技术、作业程序和动作，以寻求最合理、最切实的工作方法。操作动作分析、操作方法改进、工作程序简化是作业分析的三个主要方面，下面来看作业分析应遵循的六原则（见表6-4）。

表6-4　作业分析应遵循的原则

作业分析应遵循的原则	1. 工作场所 良好的工作环境对员工的工作表现有着非常重要的影响，因此对工作场所进行作业分析时应遵循的原则有：眼睛应注视正在进行的工作，视野要在正常的工作范围内；手和手臂应在正常的工作区域内活动；应将材料和工具放置在固定位置；设计工作场所高度时，应满足作业人员站立或坐下所需的空间；员工在工作区域应尽量减少不必要的移动
	2. 人体运动 从事生产性工作时应使用手；进行对称工作时，从作业开始到结束，应双手同时进行操作；进行连续曲线的动作时，应用手和手臂的移动进行操作；为了使工作自动圆滑，工作时应有节奏；在操作范围内，应使用最低类别的动作，尽量缩短移动距离
	3. 材料搬运 在分析材料搬运动作时应遵循的原则有：设计材料时要考虑材料的拿取是否方便；安排好重力输送的漏斗、分离器和输送带，将材料准时运送到使用地点；将操作所需的零件和草料提前预置，并分类标明；使用搬运器械举起较重物品；用落地输送法挪开产品
	4. 工具和设备 应将工具和设备放置在随手可以拿到的地方；用固定工具或足踏板代替手的动作，这样手就可以去执行别的动作，发挥更大的作用；善于利用具有多种用途的工具；使用自动弹出设施完成产品移去的动作；为了使操作更加方便，应对机器控制进行妥善排列；应考虑便于操作的机器使用方法
	5. 节省时间 应对机器工作或人工操作的迟缓或暂时停机的问题进行及时改善；尽量减少动作形式的步骤或元素，这样能有效节省时间；若设备条件允许，应同时加工两个或两个以上的零件
	6. 填写方式 应按工作流程详细记录；记录操作方法时应记录详细，同时尽量用通俗易懂的文字叙述；对叙述讲解不清楚的操作方法应用图片辅助说明，这样便于员工理解；应将其他注意事项填写在表格中

2. 制定作业标准

制定作业标准不能千篇一律，要根据生产实际制定。制定作业标准应坚持的原则有：先重点后一般，应重点考虑生产一线的工种；动员全员参与，以生产实践经验非常丰富的老职工为骨干，对各个岗位和各个工种的作业制定作业标准；上下结合，不断完善作业标准。系统地编制出不同工种的岗位安全管理规章制度、生产作业的安全标准、动作标准，能有效地消除人的不安全行为、物的不安全状态，以及对安全生产不利的环境因素等（见表6-5）。

表6-5 制定标准化作业应遵循的原则

制定标准化作业应遵循的原则	①根据客观规律，制定安全生产的规章制度。规章制度为标准化作业的制定提供了依据，但制定作业标准比制定规章制度的要求更高，技术性更强，因为编制作业标准和动作标准是在规章制度的基础上，进一步对生产作业中应该干什么，不应该干什么，具体应该怎么干，干到什么程度等做了规定
	②依据作业内容，对技术、设备、环境等条件进行全面系统的考虑，合理编制其他作业程序。作业程序即工序或作业的顺序，作业程序具体规定了作业的先后顺序
	③依据作业内容、作业环境及技术装备条件，规定作业操作顺序、作业质量标准，具体包括作业准备标准、工器具摆放标准、动作标准、安全至上的环境标准等。这些标准对工人怎么干及干到什么程度都做出了明确的规定
	④制定标准化作业要坚持全员参与原则，这样能充分调动员工的工作积极性，激发他们的聪明才智，积极参与到本工种、本岗位的作业标准制定中去，对作业中的不安全操作习惯进行及时纠正
	⑤制定的作业标准要符合劳动保护标准和本工种的客观要求。因此，制定的标准应包括本工种所需的劳动保护用品的种类及其质量要求标准、穿戴要求标准等
	⑥制定岗位环境标准。要保证安全生产，必须制定岗位环境标准。岗位环境标准的作业环境体系主要包括设备间距、工具的使用和管理、作业面积材料等方面
	⑦制定作业起止时间标准。如果不制定作业的起止时间标准，作业就会乱套。一般煤矿的作业时间是"0"、"8"或"16"，即0点第一班工作开始，8点第二班工作开始，16点第三班工作开始。规定好作业起止时间后，操作人员会根据标准提前参加班前会，不能太早或太晚，有效利用了时间
	⑧制定动作标准时应根据客观实际。作业动作标准是保证生产安全的基础。如果作业的每个动作都符合安全生产标准，作业时不但会轻松，还会提高生产效率。动作标准的内容有：拉、拿、担、砸等动作的标准化，传令指挥的标准化，以及操作姿态的标准化

3. 标准化作业的内容

我们根据生产作业人员的工作性质对作业标准化进行分类。作业人员主要由生产作业人员、检修人员及管理人员三类组成，以此我们将标准化作业分为作业标准化、作业现场标准化和安全管理标准化三类（见表6-6）。

表 6-6　标准化作业的内容

标准化作业的内容	1. 作业标准化 （1）操作作业标准化： ①上岗人员必须持有相应岗位的上岗证才能进行作业； ②一线员工在作业现场要定时、定点、定路线、定内容对作业进行巡回检查，同时还应挂检查标志牌； ③作业人员应严格按照安全技术规程、标准工艺流程、工种操作规定进行作业，要对机械设备精心维护保养，工作期间不许睡觉、脱岗，不能做与工作无关的事； ④要按时、清晰、整洁、真实、无差错地对作业的标准化执行情况进行记录。
	（2）检修作业标准化： ①严格按照安全检修标准化作业法进行检修作业，将检修施工安全技术措施、检修施工方案、工艺盲板图等落实到位； ②检修时要坚持"三条线"和"三净"原则。"三条线"即材料摆放成一条线，工具摆放成一条线；"三净"即保持停工场地、检修场地、开工场地的干净整洁。
	2. 作业现场标准化 （1）现场安全设施的标准化： ①应在传动、转动设备上，突出机体的轴、靠背椅、皮带轮上加装安全套、防护围栏、安全罩等防护设施； ②应按规定在走梯、平台、吊装孔等上安装高度不低于 1.2 米的防护栏； ③应在生产岗位存放充足的消防器材，同时设置专柜存放各种防毒面具； ④应按规定在电气设备周围安装警告牌和防护栏。 （2）安全标注标准化： ①保持安全通道畅通、显眼； ②安全标注应符合国家标准； ③岗位有警句，操作有禁令，工艺管线表明流向； ④对重点阀门进行挂牌，要将设备名称标注清楚； ⑤应在管道上的物料断闸处或区域明显的地方做标注，用箭头在管道显眼处标明物料流向。 （3）要害部位标准化管理： ①在储存各种易燃气体、有毒气体等有害物质的区域要实行标准化管理； ②设立警告牌，注明安全须知、存储物质的类别、最大存储量等。 （4）设备着色标准： 应按照有关标准对电气设备、管道、仪表、阀门等部件统一着色
	3. 安全管理标准化 ①定期开展安全教育、安全检查等活动，及时消除安全隐患； ②认真做好安全教育，将安全教育的人员、时间、内容、制度、效果等落实到位； ③准时召开班前、班后例会； ④按标准要求着装。作业人员应根据作业现场的设备状况、卫生条件、存在的不安全因素及危险程度，科学合理地选择所需的防护用品，将需要进行安全保护的部位保护好； ⑤严格贯彻以岗位责任制为核心的安全制度，这些制度主要包括安全生产责任制、设备维护保养制、岗位练兵制、质量责任制、经济核算制度等。

4. 标准化作业的推行措施

制定好作业标准后，将其成功地推行才能实现标准化作业的目的。推行标准化作业的措施主要有以下三个方面：

（1）提高员工的安全生产意识和操作技能。

只有全员共同参与才能实现标准化作业，因此标准化作业推行的范围比较广。标准化作业的推行的过程实质上是发动企业全体员工进行安全生产教育及安全标准作业技能培训的过程。通过标准化教育培训，企业可以向全体员工宣传标准化作业对生产安全的重要意义，让所有员工都意识到，推行标准化作业是保障员工人身安全和企业财产安全的根本措施。另外，员工还要认真学习、掌握标准化作业的程序和具体要求，提高自身的作业操作技能，将以前作业中的不规范操作彻底消除。

不少员工由于受到传统思维或习惯操作方法的影响，开始可能会对标准化作业产生抵触情绪，因此，企业除了对员工进行安全教育和标准化作业技能培训外，还应采取有力的安全检查措施并建立严格的考核制度以保证标准化作业的实施。

（2）制定安全检查体系。

在推行标准化作业的过程中制定安全检查体系有很重要的意义。通过安全检查体系能及时发现和查明生产过程中的安全隐患，对安全生产的各项指标的实施情况进行监督和检查，及时将安全生产中的违章指挥、违规作业、违反劳动纪律等不规范作业行为制止。安全检查体系一般由企业、车间和班组三级共同组成，检查的形式有综合性检查、专业性检查、日常性检查或季度性检查等。通过安全检查，企业可以对发现的安全隐患进行整改，各级检查组织应对发现的安全隐患进行研究分析，制定出切实可行的安全整改措施，促进标准化作业的顺利进行。

（3）建立安全奖惩体系。

建立安全奖惩体系的主要方法是将员工的安全标准作业执行情况与部门、班组及个人的经济利益挂钩，让每位员工都深刻意识到：一旦违反了安全作业标准，就会受到相应处罚。这样会在生产现场无形地形成"按照安全生产标准生产光荣，违反安全生产标准可耻"的工作氛围。

安全奖惩体系一般由企业的标准化建设委员会、安全生产委员会、经济责任委员会组成；安全奖惩标准一般由部门根据实际情况制定，由企业组织检查，由主管部门考核和奖惩。

在执行安全奖惩制度时，一定要"严"字当头，对员工的安全作业标准执行情况进行严格考核，根据考核结果，奖惩分明。

上面的三点措施保证了企业每位员工在内因和外因上都能重视作业标准化，

并将标准化作业落实到每天的工作中去。

笔者箴言 安全管理需要作业现场执行标准化作业，这样不仅可以降低安全事故发生频率，而且还可以提升安全管理效率。

思考题：

1. 标准化作业对安全生产有哪些作用？

2. 你知道标准化作业的内容及其制定原则吗？

三、进行设备保养与维护

进行设备维护与保养是保证生产安全的重要环节之一。设备的维护与保养工作是作业人员和技术人员根据设备的技术材料和参数要求对设备进行的护理。

设备的维护和保养与设备的运作情况、产品质量和企业生产效益密切相关。设备维护和保养工作包括设备的检查和维修。

1. 设备检查

设备检查是按照一定标准和周期检查设备的规定部位，以便及早发现设备的安全隐患，及时对其进行修理。设备检查的关键部位又称为设备的检查点，设备检查是设备维修的基础，设备检查管理有检查员按区域分工和实行全员管理两种方式。设备检查分为日常检查、定期检查和专项检查三种（见表6-7）。

表6-7 设备检查种类

设备检查种类	1. 日常检查 设备的日常检查是日常作业人员以安全规范标准为依据，通过五官的感觉，设备的温度、电流、电压表等仪表或装置，对设备的各个部位进行安全技术状况检查，对发现的安全隐患及时排除，减少由于设备故障引起的停机损失。日常检查的目的是为了使设备达到维护要求，对设备进行清洗、检查和保养，保证设备的正常运行 通常情况下，日常检查是在交接班过程中由双方作业人员共同完成的。在操作过程中，操作人员也应对重点设备按照安全检查卡逐项进行检查。另外，维修人员负责对其维修范围内的分管设备进行巡回检查

设备检查种类	2. 定期检查 　　定期检查是作业人员定期对设备进行的检查，将设备的磨损或设备异常情况记录下来。确定异常部位的修理类别、修理部位、需要的零件、修理时间等，以便在合适的时间安排合适的人员进行修理。进行定期检查的人员一般是专业修理工，检查周期通常在一个月以内 　　确定定期检查周期时应考虑工作条件，安全要求、作业时间、经济价值等因素，同时还应参考生产设备的说明书，听取作业人员和维修人员的意见。在日常安全检查过程中，还应根据实际情况对日常检查周期进行调整。设备定期检查一般有以下几种： 　　①日检查：作业人员每天按照规定对重点设备进行安全检查；大批量生产线或流水线上的设备一般也要进行日检查；能动生产设备、桥式轿车设备、受压设备、精度要求很高的设备等也要进行日检查； 　　②周检查：热加工和连续性生产的锻造企业通常都会进行周检查。周检查以维修工检查为主，作业人员配合检查为辅两种检查方式； 　　③半月检查或月检查：半月检查是以维修工检查为主，作业人员配合进行检查，这种检查经常是边检查边修理。检查的对象是连续性生产的设备、生产线或流水线上的设备等。月检查一般是在完成月生产计划后，在月末进行。
	3. 专项检查 　　专项检查是由专职修理工对设备的加工精度、设备安全性、安装水平进行检查。通过对设备进行专项检查，可以全面地了解设备的技术性能和专业性能，为维修提供科学依据

2. 设备保养（见表 6-8）

表 6-8　设备保养

设备保养	1. 日常保养 （1）设备的日常保养简单地说就是保持设备的安全、整齐、清洁、润滑 　　安全——实行凭证操作，定人定机作业，交接班制度。作业人员对设备的结构要非常熟悉，要严格遵守操作规章，合理使用和精心保养设备，杜绝安全生产事故的发生 　　整齐——要有齐全的安全防护用品，工件、工具、附件要排放整齐，并保证线路管道的安全性和完整性 　　清洁——应保持设备里外的清洁，将各齿条、齿轮、手柄、手轮、丝杆上面的油垢清除干净，将设备的铁屑等垃圾清理干净，设备的各个部位不能出现漏油或漏水等现象 　　润滑——设备使用油的质量要符合要求，要定时对设备中的油进行更换或添加，要有油枪、油壶、油杯等器具，要保持油线、油刮、油标等部位的清洁，保持油路通畅 （2）设备日常保养具体内容为： 　　①上班前对设备认真地进行安全检查，对设备进行合理润滑或加油； 　　②尽快排除生产安全中的隐患，如果自己解决不了，应立即通知专职修理人员将安全隐患排除； 　　③按照设备操作规程的要求正确使用设备； 　　④每周清扫一次油杯、油线、油孔或油毡，每隔 15~30 分钟进行一次设备清扫和润滑工作，大型设备的清扫间隔可以根据生产实际适当延长； 　　⑤在交接班时，详细记录当天的设备运转情况； 　　⑥坚持每天一次清扫，周末一次大清扫，月底节前进行彻底清扫，并定期进行检查和评比； 　　⑦每周末对大型设备进行 2 小时左右的清扫，对普通设备进行 1 小时左右的清扫。

续表

设备保养	2. 二级保养 　　二级保养的行为主体是作业人员，维修工只起协助配合的作用。二级保养的周期根据设备工作环境确定。经过二级保养后，设备内外洁净，会呈现出本色，油位清晰，油路畅通，设备操作十分灵活。二级保养的具体内容为： 　　①根据设备使用情况，对一部分零件进行调整、清洗，对容易损坏的零件进行拆卸修理； 　　②对油路进行检查、清理和润滑，对滤油器、油线、油刮进行清洗，对滑动面的上油情况进行检查，适当添加润滑油； 　　③对设备内外污垢进行彻底清除； 　　④适当调整各运动面之间的间隙； 　　⑤对电工设备和电气装置进行清扫，同时保证安全防护措施牢靠，线路固定整齐； 　　⑥对设备附加及冷却系统进行清洗。

3. 设备维修

　　虽然按照设备操作规范使用设备，可使设备的使用寿命得到一定的延长，但是设备由于长期的使用，依然会出现某些零部件磨损、变形等现象，对设备的性能、精度及生产效率产生负面影响。因此，我们不但要按设备操作规范使用设备，对设备进行一定的保养，同时还应将磨损的零部件进行维修或更换，保证生产过程中设备的精度和超高的性能（见表6-9）。

表6-9　设备维修方式与类别

设备维修方式	1. 预防维修 　　预防维修是为了防止设备性能劣化，降低设备出现故障的概率，按照一定的计划和技术条件进行的设备维修。预防维修反映了"安全第一，预防为主"的安全生产方针。根据设备的检查记录或生产经验，在出现故障前就对设备进行预防性维修。一般根据设备的实际运作情况制定出预防维修计划 　　在掌握了设备的磨损规律前提下进行有计划的周期性预防维修，对安全生产有非常重大的意义，能防患于未然，为设备正常运转，发挥最大性能提供了有力保障 　　有计划的预防维修是设备安全管理的重要环节，能显著减小停机时间，节省修理费用。有计划、有节奏地安排生产，以保证生产、维修互不影响
	2. 故障维修 　　即事后维修，是设备性能降低或设备发生故障时进行的维修，是一种非计划维修
	3. 生产维修 　　生产维修是以提高设备生产效益为目的的一种维修方法。根据设备对生产的影响程度不同，采用不同的维修方式。对不重要的设备采取故障维修措施，对重点、关键的设备采取预防维修措施
	4. 预知维修 　　即检测维修，是根据状态检测和技术诊断结果，在故障发生前进行必要的维修 　　除了上面四种维修方式外，还有定期维修、改善维修等设备维修方式

续表

设备维修类别	**1. 小修** 小修是以维修工人为主，作业人员也参与的定期维修工作。小修只对设备进行部分清洗、解体和修理，对严重磨损的部件进行修复或更换。小修通过对部分部件进行维修，使设备的性能得到完善 一般情况下，金属切削设备运转 2500~3000 小时后进行一次小修。进行金属切削设备小修的内容有： ①对设备中容易腐蚀、磨损、烧损的零件进行更换； ②对部分零件进行清洗，将机件里面的螺丝和卡楔拧紧； ③按照规定定期对设备的润滑脂进行更换； ④对设备的主要精度及部分零件的烧损、腐蚀、磨损情况进行检查、测量并记录。
	2. 整机大修 这种维修的工作量最大。整机大修是对设备进行整体全面的修理，包括对所有损坏零件进行修复或更换、对基准零件进行修理、将设备的故障或缺陷进行全面的消除，以恢复设备原有性能、精度、效率。为了提高产品的性能，通常将技术改造和整机大修结合进行 整机大修的验收标准为相关精度、无关精度及验收精度。验收精度是针对维修中恢复的精度，相关精度必须高于修前精度，可对无关精度不做考察
	3. 针对性维修 是为了满足工艺生产要求，根据设备的结构、操作特点及可能存在的问题，对设备的一个或几个项目进行针对性的修理。针对性维修的工作量为整机大修的 20%~70%

设备是现代生产的工业化程度和科学技术水平的标志，对企业产品质量、生产成本、能源消耗、交货期限、人机环境等都有很重要的影响。随着科技的发展，生产设备的不断更新，生产的自动化、连续化程度越来越高，对设备的要求也越来越高，可见设备对企业的竞争力强弱的影响越来越大。

设备维护和保养与企业的生产经营绩效密切相关。因此大中小型企业都应重视生产设备的保养和维护。

笔者箴言　　良好的设备维护与维修体系既可以将安全隐患及时排查出来，又可以增强员工的安全意识。

思考题：

1. 设备检查分为哪几类？

2. 学习了本节，你知道如何对设备进行维修和保养吗？

四、改善作业环境

企业要做好安全管理，作业环境很重要。如果一名员工在煤尘弥漫、噪声巨大的作业场所连续工作十几个小时，势必会严重影响职工的身体健康。因此，为了给员工提供一个强有力的安全保障，我们一定要改善生产作业环境。下面就给大家介绍几种作业环境的改善方法。

1. 推广"5S"活动改善作业环境（见表6–10）

表 6–10　"5S"活动的具体步骤

步骤	地位	主要做法	目　的
整理	"5S"活动的起点	将生产现场的物品分类，作业现场经常使用的物品要按区放置；对于生产现场不经常使用的物品要集中存放；无用物品要清理掉	①改善和增大作业面积，提高职工工作情绪；②整理的关键是要将不需要的物品消除掉，让无用之物给有用物品让出地方；③对车间的每个角落、每个部位都要清扫干净，达到作业环境无死角的目的
整顿	"5S"活动的基本点	科学设计有用物品的存放位置，保证物品有固定位置，用完物品后要保证及时归还	①有物必有区，有区必挂牌，按区存放，按图定置，图物相符；②操作人员需要某物时可以及时找到，提高工作效率，减少寻物时间
清扫	"5S"活动的立足点	职工要按时清扫自己管辖的区域，加强对设备和工位器具的保养	使作业环境清洁、明快，使职工心情舒畅
清洁	"5S"活动的落脚点	维持前三步的劳动成果，使现场环卫工作更彻底	在企业全体成员的努力下，将前三步的成果保持下去，使作业环境达到清洁，职工仪表整洁，人、物、环境三者达到最佳结合
提高素养	"5S"活动的核心	对职工进行安全教育，建立相应的奖惩制度	通过此活动使员工能够自觉主动地创造良好的作业环境。使员工的自我管理原则得到贯彻，企业以较小的管理成本达到良好的管理效果

"5S"活动起源于日本，20世纪80年代传入我国，它是一种先进的、科学的现场管理方法，通过"5S"活动可以达到改善作业环境的目的。

"5S"活动通过整理、整顿、清扫、清洁和提高素养等活动，可以使企业实现环境清洁、纪律严明、生产效率提高、产品质量改善等目的。

2. 粉尘作业环境改善

粉尘指在生产作业过程中产生的可以长时间在空气中浮游的固体颗粒。人长期与粉尘接触，会导致严重的尘肺病，如粉尘中的游离的二氧化硅，会引起弥漫性肺部纤维化病变，严重影响到人体的健康，因此企业要改善粉尘作业环境，做好粉尘防护。

改善粉尘作业环境预防尘肺病可以从以下六个字入手：

革——技术革新

治疗疾病时医生强调要从病源医治，不能只治标不治本，改善粉尘作业环境，企业也应从粉尘的源头做起，淘汰落后的工艺设备和工艺操作方法，采用先进的工艺设备和工艺操作方法，这样才能从源头上减少粉尘的产生。

工艺设备和生产流程应该科学布局，最好将操作人员较为集中的工段安排在车间通风良好的地方，便于粉尘排出；产生粉尘特别多的工段最好根据当地的主导风向来安排，最好是安排在主导风向的下风侧，便于粉尘的排出。

水——湿式作业

湿式作业是一种简便、经济且有效的防尘方法。在粉尘较多的车间内，在地面上洒水，或用水将墙壁、设备外罩的粉尘冲洗干净，这样可以防止粉尘的二次扬起。

物料的装卸、转动过程中也可以适量添加水，以防止粉尘的产生和飞扬。

密——密闭尘源

密闭尘源是减少粉尘，改善粉尘环境的必要措施。密闭尘源就是将产生尘源的点密闭，对产生粉尘的设备，尽量使用"罩"密闭，与排风结合，经除尘处理后再排入大气。多数企业在更换新设备后，粉尘的控制效果并不是很理想，原因在于没有将尘源密闭。尘源不被密闭，为了使作业环境达标，作业现场不得不将除尘器的风力加大。这样可以达到除尘效果，但是却使风机能耗高，增加了运行费用。

风——抽风除尘

对不能湿式作业的场所，适合采用密闭抽风除尘，通过密闭罩将空气的粉尘吸走。通常使用的抽风设备为吸气罩、排气筒、旋风除尘器和袋式除尘器等。

管——维修管理，建立各种规章制度

除尘设备出现故障时要及时维修，以避免因设备的损坏而增加粉尘量。加强员工对防尘设备的防护，杜绝对除尘设备的人为破坏。

查——定期测尘，进行评比和经验总结并对员工进行健康检查

空气中粉尘的浓度的高低直接影响到尘肺病的发生概率和严重程度。因此企业要定期对车间的粉尘浓度进行监测，通过车间的粉尘管理进行评比，形成人人对安全负责的良好的局面。另外，还要定期对员工进行体检，对患有尘肺病的员工要调换工作。

3. 非常温作业环境改善

非常温作业环境指温度过高的环境和温度过低的环境，这两种环境都会对作业人员造成损害，因此企业应加强非常温作业的防护工作。

（1）高温作业环境改善。

夏季随着气温的攀升，高温作业会面临中暑的危险，因此企业应该采取必要的防暑降温措施：

①采用散热措施；

②合理安排生产工艺，尽量疏散热量，对新建的厂房可以通过采用隔热材料使热源隔绝；

③可以在车间内安装降温设备，比如电扇，空调等；

④在车间内为员工配备饮水机或冰柜，方便员工消暑；

⑤准备治疗的药方便员工及时治疗；

⑥合理安排作息时间，最好在中午安排午休，既保证员工休息，又可避免在气温最高时分工作，尤其在炎热季节露天作业，应合理调整作息时间，中午延长休息时间；

⑦加强员工的防护管理，监督员工穿防护服，戴防护眼镜或面罩；

⑧设立冷气休息室等；

⑨切实贯彻有关防暑降温的政策法令，并且加强宣传教育，切实遵守高温作业的安全规则与制度。

（2）低温作业环境改善。

到了冬季，随着气温的降低，车间的室内温度已不适宜操作人员工作。操作人员长期在低温环境下作业会对身体健康造成一些影响。因此企业要采取一些防寒防冻措施，配备必要的采暖设备。

按照卫生部颁发的《卫生安全条例》第55条规定：设计集中采暖车间时，车间内的冬季空气温度为：轻作业时不低于15℃，中作业时不低于12℃，重作业时不低于10℃。当单名工人占用较大面积（50~100平方米）时：轻作业可低至10℃，中作业可低至7℃，重作业可低至5℃。在单名工人占用的建筑面积超过100平方米时，仅要求工作地点及休息地点设局部采暖装置。

冬季在北方主要的采暖设备为水暖、气暖，水暖比气暖安全，易控制。车间还可以采用隔层窗、挡风帘等设施来防寒防冻。

当车间内含有的气体、蒸汽或粉尘等与散热器接触后会发生燃烧，或者车间内含有毒性的粉尘和易燃烧的粉尘时，适合采用可注入新鲜空气的热风采暖。

当车间的空气中含有对人体有害的物质时或者有毒物质超过允许的浓度时，这样的车间不适宜使用空气再循环热风采暖。

在放有乙炔，氢、氧、氮等气体的房间或储藏库内，要使储存物与散热器保持适当距离，也可以在散热器的外面加隔热挡板，防止储存物受到直接热辐射的作用。

对于散发有大量具有爆炸危险的气体的车间，最好不要在地沟敷设，如须敷设时应采用密封沟盖，沟内要填满干沙等防爆物质。

使用热暖时，要使热水管道与可燃结构保持不小于50毫米的距离或使用不易燃烧的材料隔离，温度控制在110摄氏度左右，如果车间内没有低熔点粉尘，可以将表面的温度提高到130~150摄氏度。

4. 噪声作业环境改善

噪声是指超过人体承受能力，对身体健康造成危害的声音，本文主要讲述生产过程中由于物体撞击、机器的转动、高压气流的喷出等引起的噪声。

噪声有高强度和低强度之分。低强度的噪声在一般情况下对人的身心健康没有危害，一些情况下还可以提高工作效率。而超过人体承受能力的高强度噪声，却会对人的身心健康造成严重危害。

职工长期在高强度的噪声环境下工作，会感到疲劳，产生消极情绪，引起各种噪声疾病。在95分贝的噪声环境里，大约有29%的人员会失聪；在120~130分贝的噪声环境中，职工会感到耳内疼痛，出现头痛、头晕、失眠等状况，严重时还会引起血压升高，心律不齐，内分泌失调等病症。通过对95分贝的环境中工作的人员的调查，发现出现头晕症状的人员占39%，出现失眠症状的占32%，头痛的占28%，胃痛的占29%，心慌的占26%，记忆力衰退的占27%，心烦的占22%，食欲不佳的占18%，高血压的占12%。

因此企业要加强对生产车间的噪声控制，为员工创造一个舒服、安全的工作环境，减少噪声对职工身心健康的危害。

噪声系统由噪声源、传音途径和受音者三个部分组成。企业在控制噪声时应该从这三个方面入手，采用经济实用、技术可行的噪声控制措施。

（1）降低声源。

企业在选用设备时可以采用低噪声生产设备，现在先进的生产设备所发出的噪声都是符合国家噪声控制标准的。企业还可以使用阻尼、隔振等方法改变噪声源的运动方式。企业可以通过这两个方法从源头上控制噪声，这是控制噪声的根本方法。

（2）控制噪声的传播途径。

控制噪声的传播途径是指利用隔音设备切断噪声的传播途径，如安装隔离屏、隔离间、隔声机器等装置。

（3）受音者加强防护。

当噪声源和传播途径的噪声控制措施没有达到预期效果时，受音者可以加强个人防护。如长期职业性噪声暴露的工人可以戴耳塞、耳罩或头盔等护耳器。

5. 有毒气体环境改善

气态毒物是化学工业生产中常见的职业有害因素，由于气态物质易于扩散，对员工的危害性很大，企业要加强对有毒气体的防护。

有毒气体按性质不同可分为刺激性气体和窒息性气体，刺激性气体是指对眼和呼吸道黏膜有刺激作用的气体，它是化学工业企业常遇到的有毒气体。窒息性气体是指能造成机体缺氧的有毒气体，窒息性气体可分为单纯窒息性气体、血液窒息性气体和细胞窒息性气体。表 6-11 中将二者的种类和对人体的危害详细列出。

表 6-11　刺激性气体和窒息性气体的种类和危害

	种　类	危　害
刺激性气体	氯、氨、氮氧化物、光气、氟化氢、二氧化硫、三氧化硫和硫酸二甲酯等	对眼睛、呼吸道和皮肤有不同程度的刺激，会造成眼睛红肿，皮肤长痘等症状 人体长期吸入氯、氨、二氧化硫、三氧化硫等水溶性较大的气体后，这些气体形成的水溶物会停留在上呼吸道黏膜上，对黏膜形成很大的刺激，使得上呼吸道黏膜出现充血、水肿等病症，通常表现为流涕、喉痒、呛咳等症状

续表

窒息性气体	氮气、甲烷、乙烷、乙烯、一氧化碳、硝基苯的蒸气、氰化氢、硫化氢等	窒息性气体呼入人体后，会严重影响血液中氧气的运动，造成人体缺氧，进而引发生命危险 如一氧化碳气体进入个体后，会大量地与人体血红素相融，从而阻止氧与人体血红素的融合，造成人体细胞缺氧，引起窒息和血液中毒，如果不能及时抢救，可能会造成死亡。据研究，当空气中一氧化碳的浓度达 0.4% 时，人在很短时间内就会失去知觉，若抢救不及时就会中毒死亡

企业可以从生产技术措施和个人防护两个方面防止有毒气体对职工身体的损害：

（1）生产技术措施。

改革生产工艺，使用毒性较小的物质，尽量实现生产过程的自动化、机械化和管道化。这样可以减少有毒气体外溢。

将生产过程密闭化，安装通风设施。生产过程式密闭，可以减少职工吸入有毒气体的机会。车间内安装通风设施可以及时将有毒气体排出，防止有毒气体滞留在车间内。

车间内要配备急救设备，如冲洗皮肤用的水龙头，冲洗眼用水壶、冲洗液（以生理盐水为主）等。

定期检测车间内有毒气体的浓度，如果车间内有毒气体的浓度高过国家规定的标准，则应立刻查找原因，并采用措施改进，以防造成更大的事故。

（2）个人防护。

员工要增强安全意识，工作时要加强个人防护，穿过滤式防毒服，戴防毒面具、口罩、眼镜、手套等防护。

员工要配备防护药品，应经常涂抹防护油膏，如防酸（3%氧化锌）、防碱（5%硼酸）油膏等。

员工要定期进行体检，如果发现过敏性哮喘、过敏性皮肤病或皮肤暴露部位患有湿疹等疾病，要及时治疗并申请调换工作。

6. 辐射作业环境的劳动保护管理

辐射作业环境的危害与其他的危害不同，它看不见，也闻不到，但却能对人体造成很大的危害，是现代人健康的隐形杀手，因此企业应加强对辐射作业环境的防护措施。

辐射分为电离辐射和非电离辐射。电离辐射指由引起物质电离的辐射总称，

包括 α、β、γ、X 射线和中子射线五种。非电离辐射包括紫外线、可见光、红外线、激光和射频辐射。

（1）电离辐射的危害。

接触电离辐射的作业主要有核工业系统核原料的勘探、开采、冶炼与精加工，核燃料与反应堆的生产、使用和研究，以及射线发生器的生产和使用，如各种加速器、X 射线发生器、电子显微镜、电子束焊机、彩色电视机显像管及高压电子管的生产和使用等。

长期在电离环境下工作会对人体产生各种危害，可以促使细胞癌变增加员工患癌症的可能性，电离辐射还会对造血器官造成影响，使人患上白血病、白内障等疾病，另外辐射还会对生育系统造成影响，严重者会产生不孕。

（2）非电离辐射的危害。

非电离辐射，主要是机体在射频电磁场的作用下，能吸收一定的辐射能量，通过热作用使人体器官受到损伤。如长期在红外辐射的环境中工作，会对人的眼睛、皮肤造成伤害。

（3）辐射防护的措施。

①防护外照射。

防护外照射是指放射源在人体外，射线对人体产生的照射。

②工艺措施。

提高工人操作的技术，增强熟练程度，也可以通过改进生产设备，来避免工人在工作中长期与辐射接触，最好采用自动化设备，以减少工人操作的时间。

③屏蔽防护。

对于作业环境中有高频淬火、塑料制品热合、微波发射和加热设备，可采用屏蔽的方法进行防护，如屏蔽铁、铝、铜等金属场源等，对红外辐射主要采用反射性屏蔽手段。

④密闭性防护。

对一些光线辐射可以采用密闭性防护。比如对激光的防护，可以采用工业电视、安全观察孔监视的隔离操作，为防止整体光束进入人的眼睛，可以采用密闭式防护罩。

⑤加强员工的个人防护。

加强对员工的辐射教育，员工个人应加强对辐射危害的认识，自觉穿戴微波防护服、防护面具和防护眼镜等。防护服采用的金属丝布等可以有效地防护辐射对人体的侵害，是目前最有效的防辐射措施。

为保护眼睛，员工可以佩戴防辐射眼镜。防辐射眼镜采用的基本材料是金属网或镀金膜，可以阻挡辐射对眼睛的伤害。

涂抹防辐射的护肤用品，如隔离霜等，坚持使用具有防辐射功能的护肤品，可以在一定程度上减少辐射对皮肤的伤害。

7. 高空作业环境改善

高空作业包括的范围非常广，根据国家《高处作业分级》的规定："凡在坠落高度基准面2米以上（含2米）以上的架子上进行操作，即为高处作业。"

高处作业事故主要是在高处作业过程中因坠落而造成的伤亡事故。造成高空作业事故的原因主要是企业的规章制度不健全，监管力度不到位，职工不按章操作等，如员工违反劳动纪律酒后作业或没有按要求穿高空作业服等。

为了减少高空作业安全生产事故的发生，企业必须加强对高空作业的管理，增加高空作业的安全措施。

（1）选取合适的人进行高空作业。

高空作业很不安全，操作人员的身体必须健康，根据规定患有精神病、癫痫病及经医师鉴定患有高血压、心脏病等不宜从事高处作业的人员，不准参加高处作业，且工作人员工作前不能有饮酒、精神不振等现象，这些情况会增加高空作业的危险性。

（2）采用安全网防护。

安全网是用来防止人、物坠落或用来避免、减轻坠落及物体打击伤害的网具。使用安全网时要注意：

使用经相关部门检测的合格的安全网，这样可以保证安全网的质量，应加强对安全网的管理，及时更换破损、老化的安全网，使用安全网时不要让网与架体绑得过紧，这样容易破坏安全网。

（3）使用安全帽。

为了避免高空坠落物的撞击，企业要规范员工对安全帽的使用。使用安全帽时要选用有"安鉴"标志的安全帽，对不符合要求的安全帽，要立即更换。

（4）系好安全带。

安全带是高空作业人员防止坠落伤亡的防护用品。安全带有使用期限，一旦超过期限，安全带便不能再使用，企业使用时一定要注意这一点。按规定超过2米作业时，就必须使用安全带，使用过程中要避免安全带来回摆动，防止安全带被烧着或刺割。

笔者箴言　作业环境的改善是安全管理的基本内容之一，所有的工作都要在一定的环境中才能完成，而作业安全与否直接取决于环境的安全高低。

思考题：

1. "5S"活动是如何改善作业环境的？

2. 学习了本节，你知道各种作业环境应该如何改善吗？

篇后小结

第二章	开展三级安全教育	三级安全教育是企业从高层到基层都要参与的一项重要管理措施；实施效果是否达标，需要依靠全体人员的共同努力及配合
	员工安全教育的培训方式	培训方式多种多样，但是适合企业发展的才能为企业带来效益，否则投入再多的培训成本都无济于事
	安全教育的经典理念	企业之所以要发展，其最终的目标就是赚取效益；安全管理也是为这个目标而助力的，所以不管企业运用哪种经典的安全教育理念；都应以最终目标为中心
	杜邦公司安全管理模式	从经验中汲取精华，使其为企业安全管理所用是最简便的方式，但需要根据所需取其所用
第三章	重大危险源认知	重大危险源对安全生产的危害不言而喻，如何做好重大危险源的管理，首先需要我们正确认知企业存在的重大危险源
	重大危险源辨识	企业所属类型不同，其重大危险源也不尽相同；因而，企业所有人员都要认知身边存在的重大危险源类型
	重大危险源评价	对危险源进行评价是企业管理重大危险源必须做的基本工作，否则，安全管理就将留下漏洞
	重大危险源的应急计划	确认企业存在重大危险源及其类型，并对其制定相应的应急计划，可以有效降低安全事故造成的损失
第四章	我国职业病的现状	职业病随着市场化的细分也出现了越来越多的类型，而我国的职业病种类也是如此，所以，做好职业病管理的前提就是掌握其第一手资料
	认识职业病	正确认识职业病，是预防和管理职业病的基础，否则很难有效预防其在企业中蔓延
	企业职业病预防	预防职业病是管控其最有效方法，否则，职业病一旦出现在员工身上，再对其进行控制都将给安全管理带来麻烦
	员工个人防护	职业病最终是要员工来做载体的，所以只要员工从自身防护上入手，必能有效遏制其发生

第五章	定置管理	"人尽所能，物尽其用"是企业发展平衡的法则，安全管理中的定置措施旨在将这一法则用到极致
	安全情感管理	情感是人与人之间不可或缺的连接纽带，也是企业管理中的重点之一；如何在安全管理中将情感发挥到最好，需要管理者与员工为之共同努力
	安全员职责管理	安全员肩负着企业安全生产的重任，恪尽职守是其工作准则，如何将安全意识传输给每一位员工是其工作重点
第六章	杜绝习惯性违章	不良习惯如果不加以纠正，必将为安全管理埋下隐患，因而在生产中必须杜绝习惯性违章
	实行标准化作业	标准化是现代作业高效实施的有力保障，也是企业安全管理的重要组成部分
	进行设备保养与维护	设备是安全事故高发的重点管理对象，对其进行定期的保养与维护工作，可以有效降低安全事故发生率
	改善作业环境	良好的作业环境，既可给员工提供一个健康的作业场所，也能为安全管理杜绝落实盲点

第二篇　真抓实干

第七章　安全事故的预防与处理

本章提要：

▶ 海因里希事故法则

▶ 安全生产确认制

▶ 进行安全生产检查

▶ 制定安全应急预案

▶ 调查和分析安全生产事故

▶ 安全生产事故现场急救措施

一、海因里希事故法则

案例

巴西海顺远洋运输公司门前立着一块大石头，上面记载了一个真实的故事：

"环大西洋"号海轮是一艘性能先进的船，却在一次海难中沉没了。当救援船到达出事地点时，21 名船员全部遇难，只剩下一个救生电台在发送着求救信号。救援人员看着平静的大海发呆，谁也想不明白在这个海域极好的地方到底发生了什么。这时有人发现电台下绑着一个密封的瓶子，瓶子里有一张记录着 21 名船员生命留言的纸条，揭示了事故发生的原因。

一水：我私自买了一个台灯，打算送给妻子；

二副：我看见一水拿着一个底座很轻的台灯回船，还跟他说船晃时别让它倒下来，但没有干涉；

二管：我发现消防栓锈蚀，但没有及时更换；

服务生：一水不在，我随手开了他的台灯；

机电长：我发现跳闸了，但没有查明原因就重新合了闸；

……

船长：船起航时，我没有看甲板部和轮机部的安全检查报告。当我们发现火情时，火势已经没有办法控制。

每个人犯了一点错误，酿成了船毁人亡的大错。

从上述案例我们可以看到，每个人的错看起来都是微不足道的，但正是这21个微不足道的不安全行为却酿成了船毁人亡的悲剧。他们用宝贵的生命告诉我们：安全无小事。

1. 海因里希事故金字塔

海因里希的工业安全法则对上述现象做出了阐述。1941 年，海因里希通过对 55 万件生产事故进行统计，得出了一个重要结论：重伤、轻伤和无伤害事故的比例为 1：29：300。这个法则的意思是：1 起死亡、重伤事故的背后，有 29 起轻伤或故障事故，而 29 起轻伤或故障事故背后，有 300 起无伤害事件，这300 起无伤害事件的背后隐藏着大量的不安全行为和不安全状态。这就是著名的海因里希"事故金字塔"（见图 7-1）。

2. 海因里希事故

海因里希事故因果连锁论认为事故的发生不是孤立的，尽管伤害事故可能是在某一瞬间发生的，却是一系列事件按照一定的顺序依次发生的结果。如果用"多米诺骨牌"效应来描述这一理论，可用图 7-2 表示。

连锁一，不良环境和先天遗传造成人的缺点。

不良的社会环境很可能会妨碍人的教育，形成性格上的偏激、轻率、贪婪及其他缺点；而先天的遗传因素很可能会使人有鲁莽、固执等不良性格。

连锁二，人的缺点造成人的不安全行为和机械、物质的危险状态。

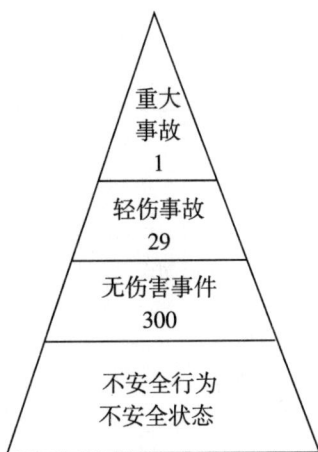

图 7-1　海因里希事故金字塔

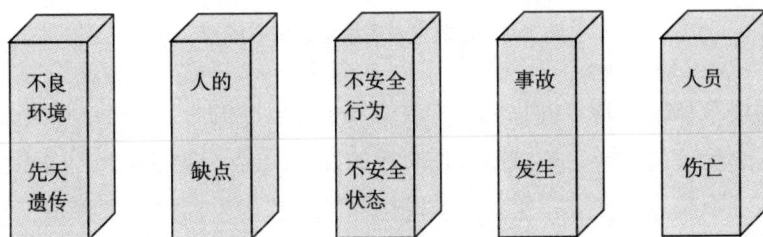

图 7-2　海因里希事故因果连锁论

人的鲁莽、固执、过激等先天缺点以及缺乏安全生产知识和技能等后天缺点都会导致人的不安全行为和物的不安全状态的发生。

人的不安全行为或物的不安全状态是指以往引发事故或可能引发事故的人的行为或物的状态，例如，不按操作标准操作，不发信号就启动机器，工作时间精力不集中等都属于人的不安全行为；没有防护的齿轮、扶手，没有绝缘包装的带电体等都属于物的不安全状态。

连锁三，人的不安全行为和物的不安全状态导致事故发生。

连锁四，事故发生的最终结果是人员伤亡。

上述事故"多米诺骨牌"连锁反应中，一旦第一张倒下，就会导致第二张、第三张直至第五张骨牌倒下，结果是事故发生、人员伤亡。如果移走其中任何一张牌，连锁反应都会被破坏，事故发生过程就会被中止。

在上述五张牌中，不安全行为和不安全状态是核心因素，所以在企业安全管理中，消除人的不安全行为和物的不安全状态是安全工作的核心（见图7-3）。

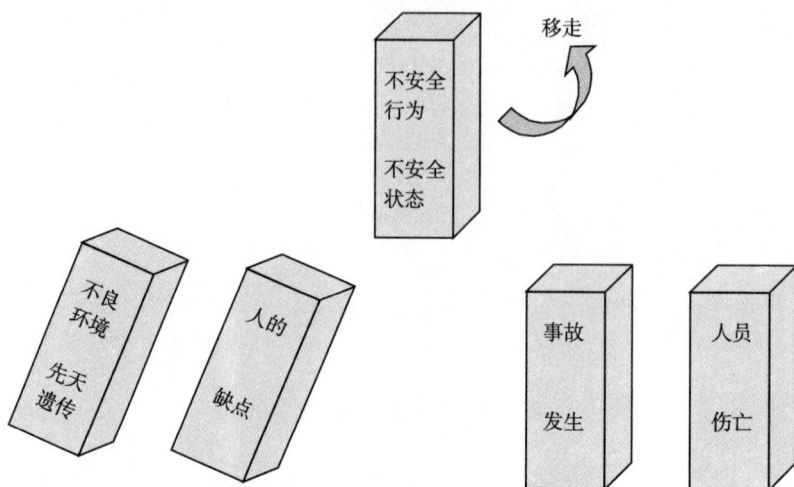

图7-3　海因里希事故移走核心因素

海因里希事故法则告诉我们，事故的发生是以往的不安全行为和不安全状态积累到一定程度的结果；要减少重伤事故的发生，就一定要减少人的不安全行为和物的不安全状态。在安全管理的实际工作中，我们要抓好日常管理工作，减少不安全行为和不安全状态，从而预防重大事故的发生，实现安全生产的目的。

笔者箴言　任何事故的发生绝非偶然。因此，安全管理中必须减少人的不安全行为和物的不安全状态，才能有效杜绝安全事故的发生。

思考题：

1. 海因里希事故法则阐述了什么观点？

2. 海因里希事故法则对你有什么启发呢？

二、安全生产确认制

通过对很多企业的生产事故进行统计调查发现：

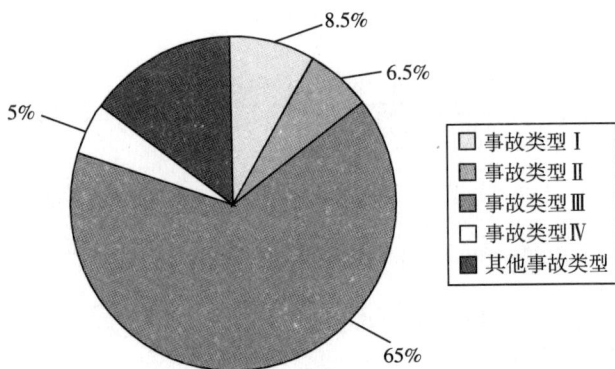

图 7-4　事故类型及其所占比例

在图 7-4 中，事故类型 I 是由未确认行走路线是否安全所致，这类事故一般为重伤以上事故，占事故发生频数的 8.5%；

事故类型 II 是由未确认上级的指令而出现误操作所致，这类事故通常是重伤以上事故或设备事故，占事故发生频数的 6.5%；

事故类型 III 是由未确认操作对象和环境是否安全所致，这类事故通常是一人轻伤以上事故，占事故发生频数的 65%；

事故类型 IV 是由开停车、停送电时未对系统检查确认所致，这类事故通常是多人以上重伤事故，占事故发生频数的 5%。

从以上调查结果中我们不难看出，未进行安全生产确认是导致生产事故发生的主要原因，它导致的事故占事故发生频数的 80%以上，所以企业要搞好安全生产、预防事故发生就要开展"安全生产确认制"。

那么，什么是安全生产确认制呢？

安全生产确认制是指用反复核实、监护、复诵、设标志提醒等方法，在生产前或生产过程中，对本企业易发生生产事故的因素，必须做到正确、准确地操作和执行，以避免由于猜测、误会、遗忘、疲劳、走神等因素而导致失误，并将其形成制度。

1. 实行安全生产确认制的作用（见表 7-1）

表 7-1　实行安全生产确认制的作用

实行安全生产确认制的作用	①实行安全生产确认制可以加强事前管理，以生产现场为中心，通过各部门人员的努力，消除生产现场人的不安全行为和物的不安全状态
	②实行安全生产确认制可以加强企业现场安全管理，实现企业自主安全管理及安全生产标准化
	③实行安全生产确认制可以充分调动各部门人员的积极性，提高全员的安全意识，规范员工的安全生产行为
	④实行安全生产确认制可以直观地检验安全责任人、作业人员落实安全生产管理制度及执行安全操作规程的具体情况
	⑤实行安全生产确认制可以为强化安全生产目标管理考核提供依据

2. 安全生产确认制的内容

安全生产确认制主要包括 5 项内容，即通行确认、作业确认、联系确认、设备开车确认及设备停车确认（见图 7-5）。

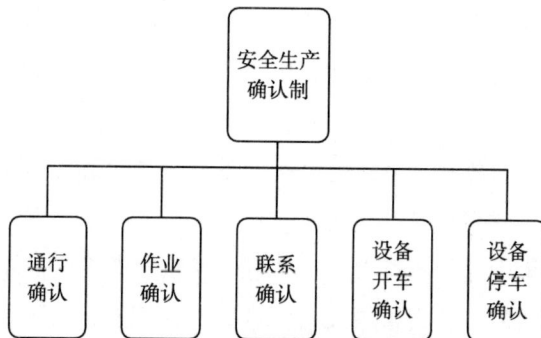

图 7-5　安全生产确认制内容

（1）通行确认。

通行确认是指在生产现场行走时，要在确认通道没有危险的情况下才可通过。在进行通行确认时，要严格按照以下程序进行（见图 7-6）：

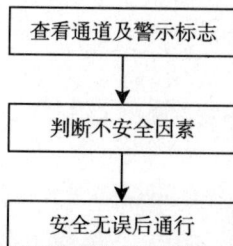

图 7-6　安全通行确认程序

第一步，查看通道及警示标志。即在行走之前对要行走的通道是否畅通、是否有警示标志进行仔细查看，确认其是否有安全通行的条件。在施工现场及车间厂房等地必须设置必要的安全通道，并设置明显标志。

第二步，判断不安全因素。即在行走过程中对四周是否会遇到不利于安全通行的因素进行判断，确认能否继续通行。

第三步，对通道进行查看，判断安全无误后即可通过。

（2）作业确认。

作业确认主要分为作业前确认、作业中确认、作业后确认三个阶段（见表7-2）。

表 7-2　作业确认内容

作业确认内容	①作业前，必须要在对操作对象的名称、作用、程序等确认无误的情况下才能进行操作，确认内容如下： ● 作业人员在实施操作前要想一想生产操作程序、安全操作规程等内容，以确认安全注意事项； ● 作业人员要查看人机结合面是否存在缺陷和隐患，操作定位是否正确，安全防护装置是否正常等
	②作业中，作业人员的确认内容如下： ● 作业人员要对自己是否按照安全操作规程操作进行不断的确认，确认自己的行为不会伤害自己和他人； ● 作业人员在操作过程中，要检查每一个做完的操作动作，以及完成动作后操作对象反馈的信息是否正确
	③作业后，作业人员要对操作设备是否已按规定停机、操作按钮是否都处于停止状态进行确认

（3）联系确认。

联系确认是指在生产过程中，应该由一个人进行呼唤或指挥，且呼唤者或指挥者发出的指令不能繁杂冗长，一定要简明扼要，避免被指挥者重复失误或记录错误，导致事故发生。

联系确认要求指挥者要确认其指令与生产系统中的安全要求，与生产区域的安全要求，与执行者的安全要求不互相冲突；要确认其指令是令行，还是禁止；如果是禁止令，执行者还要确认禁止令是已解除，还是在延续。

（4）设备开车确认。

设备开车确认包括两部分内容，即检查修理及作业完毕的设备开车确认和备用设备开车确认（见表7-3）。

表 7-3　设备开车确认内容

设备开车确认内容	①检查修理及作业完毕的设备开车确认内容： ● 对有送电权力的人员和有开车权力的人员进行确认； ● 对开车指挥人员及安全负责人进行确认，一般情况下，二者是同一个人； ● 对下一级的开车指挥人员和安全责任人进行确认，一般情况下，二者也是同一个人； ● 确认开车指令下达前工作票制度是否已正确执行完毕
	②备用设备开车确认内容： ● 对开车程序是否正确进行确认； ● 对工作票制度是否已正确执行完毕进行确认； ● 对同意送电和开车的上一级指挥者进行确认； ● 对开车设备安全保护装置是否符合安全标准进行确认

（5）设备停车确认。

设备停车确认主要是对停车的目的、停车的安全程序是否已执行完毕进行确认，进行停车检查修理的设备一定要在工作票上对断料、断水、断电、监护人等进行确认。

3. 安全生产确认制的开展

为了保证安全生产确认制有效地推行和开展，我们可以从以下五方面进行（见表 7-4）。

表 7-4　安全生产确认制的开展

安全生产确认制的开展	1. 做好制定安全生产确认制的准备工作 　在制定安全生产确认制标准前，要先组织安全专员对作业岗位进行调查研究，确定制定标准的相关问题，如安全生产操作规程、作业程序、各级职责和权限的界定等
	2. 经常开展安全确认制演练 　改正习惯性错误操作、规范作业人员操作行为需要长期的训练才能完成，因此要经常开展安全确认制演练，只有这样常抓不懈、持之以恒才能收到效果
	3. 安全生产确认制的标准要科学规范 　在制定标准时要避免套用目前的操作程序，尤其是习惯性错误操作程序
	4. 把安全确认制与标准化作业要紧密结合起来 　将安全确认制工作标准化，把安全确认制的相关内容列入到作业标准的安全要求中，以保证人身、设备在作业标准的实施过程中安全可靠
	5. 加强验收工作 　安全确认制的达标检查验收可以有效地衡量安全确认制的开展效果。一般情况下，安全确认制的达标验收标准分为提高项和必需项，提高项达到 30 分以上视为达标，必需项达到 100 分以上视为达标

安全生产确认制以保护员工在生产中的安全，实现安全生产为目的，它不仅是一个安全工作问题，还是一种安全管理方法和思想。

> 笔者箴言　建立健全安全生产确认制是企业安全生产的重要工作内容之一。作为安全生产的管理者务必积极推行安全生产确认制，只有这样，生产的安全管理工作才有保障。

思考题：

1. 学习了本节，你认为你的企业有没有必要实行安全生产确认制？

2. 安全生产确认制有哪些内容？

三、进行安全生产检查

安全生产检查是对生产经营中的隐患、危险因素、有害因素、缺陷等存在的可能性进行查证，确定这些不安全因素存在的状态和它们转化为安全生产事故的条件，依据这些制定出整改措施，消除安全隐患，确保企业安全生产。

安全检查的对象既可是企事业单位的安全生产工作，也可是个人的不安全行为，或设备、环境等的不安全状态。创造良好的安全生产环境离不开有效的生产安全检查。

1. 安全检查的目的（见表 7-5）

表 7-5　安全检查的目的

安全检查的目的	1. 发现不安全状态，改善劳动生产条件 由于长期生产，企业会存在很多安全隐患，例如设备老化、龟裂、磨损，设施的渗漏、损坏，物料的变质，作业环境因时因地不同而导致湿度、温度和整洁程度不同等问题。企业经过安全检查能将隐患及时发现并排除。一旦发现任何危险或毒害严重的生产条件，就应提出改进措施，及时督促完成
	2. 及时发现和纠正员工的不安全生产行为 由于受心理因素和生理因素的影响，员工的操作自由性比较大。在进行繁重、有毒的重复性操作作业时尤其容易违反规定。即使是危险作业，经过长时间的安全生产，也会滋生麻痹大意的思想，形成自由操作作业。安全检查通过监督、调查发现不安全行为后，会及时提醒、批评、警告或处分员工，从而消除作业中的不安全行为，提高生产工艺的安全性
	3. 发掘潜在危险，提前进行防范 应根据逻辑思维进行观察和研究，分析重大事故发生的可能性，以及是否具备发生重大事故的条件，如发生事故会波及的范围，会造成什么样的损失和伤亡等。同时制定事故的应急策略和防范措施。安全检查的这一目的是从全局出发，对企业安全生产具有宏观的指导意义
	4. 发掘管理缺陷并及时纠正 生产管理、计划管理、技术管理、安全管理等若是存在缺陷，都会对企业的生产带来安全隐患。因此，安全检查就应将管理中的缺陷发掘出来，并及时纠正

安全检查的目的	5. 发现并大力推广安全生产经验 进行安全检查时，既能发现安全问题，也能通过调查研究发现值得推广的安全生产经验。对发现的先进生产经验进行推广，可以开创企业安全生产的新局面
	6. 结合生产实际，宣传落实生产安全方针政策和制度 在安全检查的同时，结合实际对企业的安全生产方针、政策、法规等进行宣传和讲解，更容易收到实效

2. 安全检查的内容

安全检查的内容非常广泛，对上级安全思想的贯彻、隐患的整改情况、各级组织的安全管理工作、生产现场的安全检查等都属于检查内容的范畴，企业应根据生产的季节、气候、所处环境状况等制定检查的内容和标准。检查内容通常包括思想、制度、生产设备、生产员工安全防护设施、安全培训教育进展情况、劳保用品使用情况、伤亡事故的处理情况等（见表 7-6）。

表 7-6　安全检查的内容

安全检查的内容	1. 检查安全机构建设情况 检查机构是否坚持"安全第一、综合治理"的思想，是否认真贯彻执行《安全生产法》和上级的指示与规定，加大力度推行安全生产目标责任制
	2. 检查安全生产管理制度的执行及完善情况 若各部门或各岗位的安全生产责任制不健全，安全规章制度不完善，危险作业审批不完善，都会造成生产安全隐患，因此要对安全生产管理制度的执行和完善情况进行检查
	3. 检查安全培训情况 检查安全培训教育的落实情况能让安全生产意识和安全生产规范真正深入人心。因此要对安全培训的培训记录、培训计划、演练记录等进行检查
	4. 检查劳防用品的发放和使用情况 检查劳防用品是否发放到位，检查发放记录和发放用品的质量是否符合安全技术要求，同时还要检查生产线员工是否能规范、熟练地使用劳防用品
	5. 检查建设项目的安全管理情况 具体检查的内容有：建设项目是否进行过安全评价；在建设项目的可行性报告中是否设立了劳动安全卫生专篇；劳动卫生专篇是否经过了审查；项目投产前是否通过了安全验收，验收有无明确档案；对不符合的记录进行整改的情况如何；项目投产后是否设立了安全专项评价管理规则；是否落实了安全现状评价的管理规定和安全评价报告中的措施
	6. 检查生产现场管理情况 检查生产现场是否设立并执行了安全检查制度，是否有检查记录和安全问题整改反馈单；是否有符合国家行业标准的防护设施；设施是否有效、齐全；是否有健全的防火、防雷、防爆、防中毒安全制度；台账和安全监督是否到位
	7. 检查特种设备管理情况 检查是否办理了有关的特种设备登记手续；是否按照程序进行了特种设备的维修；是否有特种设备的技术档案、台账和登记表；是否有完善的安全管理制度、操作规程和设备维修保养制度；设备的定期检验率是否达到100%；对设备存在的隐患问题是否进行了妥善解决
	8. 检查危险源控制管理情况 检查企业是否建立了危险源管理制度和应急预案。有了危险源的检查制度，就能对可能发生的事故进行预先分析，找到预防措施

3. 安全检查的形式

安全检查的形式有如下四种，各种检查可以单独使用也可以相互交叉使用（见图 7-7）。

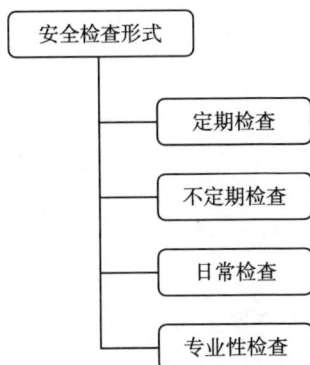

```
┌──────────────┐
│  安全检查形式  │
└──────────────┘
       │
       │    ┌──────────┐
       ├────│ 定期检查  │
       │    └──────────┘
       │    ┌──────────┐
       ├────│ 不定期检查 │
       │    └──────────┘
       │    ┌──────────┐
       ├────│ 日常检查  │
       │    └──────────┘
       │    ┌──────────┐
       └────│ 专业性检查 │
            └──────────┘
```

图 7-7　安全检查形式

（1）定期检查又分为周检查、月检查、季度检查、年度检查和节日检查。周检查是各部门负责人对班组的器材放置、设备保养及运行、班组交换记录等进行检查；月检查是安全管理委员会对安全工作进行全面检查；季度检查是根据本季度环境和气候等特点有针对性地检查安全工作；年度检查是每年一次的安全大检查；节日检查是为了保证节日期间的安全，对节前的生产准备、保卫等工作进行的安全检查。

（2）不定期检查是在不确定的时间内进行的检查，带有突击性，可以对被检查部门的安全持续程度进行检查。

（3）日常检查的主体是员工，由班组长或安全检查员对班前准备工作和离班时的交接工作进行检查。

（4）专业性检查包括专业安全检查和专业安全调查。专业性安全检查的对象是某项危险性较强的生产作业或某一生产安全薄弱环节，也包括与调查对象相关的技术人员和管理人员。检查的目的是为了预防和预测，因而针对性和专业性比较强。

4. 落实安全检查表

安全检查能及时发现隐患，防止安全生产事故发生。每个企业都有自己的安全检查表，为了保证安全生产的有效实施，生产现场也应建立安全检查表，这样班组长就能及时了解生产现场的情况，对发现的安全隐患及时采取预防措施，保证企业安全生产。

（1）编制安全检查表的要求。

生产现场安全检查表编制的依据是某系统的具体情况和相关安全法规。通过安全检查表能将检查内容全面、客观、正确地呈现出来。编制安全检查表的要求有：

①编制安全检查表的成员由本行业管理者、技术人员、作业人员组成。

②对检查的对象进行结构、功能、工艺等方面的系统分析。

③搜集相关的安全法律法规作为检查依据，根据这些材料列出相关的安全措施清单。

④尽可能多地找出影响安全的因素，列出清单，通过系统的分析将其分类整理。

⑤根据列出的安全措施和安全因素清单，列出需要检查问题的清单。需要检查问题的项目包括：是否存在安全隐患，标准的安全指标是什么，消除隐患的具体措施是什么，需要检查的问题的清单就是安全检查表的雏形。

⑥安全检查表要系统完整，尽量不遗漏任何安全隐患。

⑦检查表的内容要重点突出，有实操性。

⑧检查表的项目应随设备的变动、生产环境的变化而修订和完善。

⑨将可能导致安全生产事故的所有不安全因素全部列出，确保及时发现并消除这些安全隐患。

⑩安全检查表在实施前要经领导审批。检查人员检查完毕后要签字确认，检查中出现的问题要及时反馈到相关责任部门，以便尽快消除安全隐患。

安全检查表一般包括检查点、检查标准、检查结果、处理情况、检查人和检查日期。企业应根据自身情况，从这些方面考虑，确定安全检查表的格式和内容，然后实施。检查后对符合安全检查标准的项目就打对号，并将不符合安全标准的项目的具体问题详细地记录下来，及时进行处理。

（2）安全检查表的实施步骤。

安全检查表的具体实施步骤为（见图7-8）：

①编制。

在编制阶段，班组长应根据现场作业的特点和自身需要，将安全检查表的格

```
┌──────────────┐
│     编制     │
└──────┬───────┘
       │
       ▼
┌──────────────┐
│   实际检查   │
└──────┬───────┘
       │
       ▼
┌──────────────┐
│     监督     │
└──────┬───────┘
       │
       ▼
┌──────────────┐
│  修订和改进  │
└──────────────┘
```

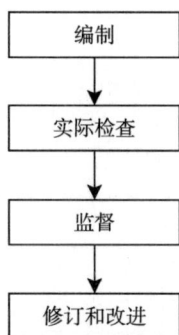

图 7-8　安全检查表的实施步骤

式设计好，然后按照上述编制安全检查表的要求填写相关内容，进行安全检查表的编制。为了使检查表更符合生产实际，可以吸收相关作业人员参与编制工作。这样编制出来的安全检查表能更真实更全面地反映出安全检查的关键点。

②实际检查。

安全检查表编制完毕后，利用安全检查表进行实际检查。检查时可以采用专项检查记录本的形式或分页记录的形式。班组长每天都应对检查表的内容进行检查，每天检查的次数不少于一次。检查后应将检查结果及时记录，认真保管检查表，同时对发现的违规违章行为及时制止，对存在的隐患进行及时处理直至消除。检查中不能解决的问题要及时向上级汇报。

③监督。

企业安全管理部门应对安全检查表在生产现场的运用的实际情况和取得的效果进行专门检查和监督，对实际检查中出现的问题及时解决，并对取得安全生产突出成绩的班组进行奖励，让所有班组的安全检查表都发挥积极作用。

④修订和改进。

在安全检查实际执行的过程中，由于设备条件、管理制度等方面的变动，有些检查项目已经不符合实际，这时安全检查小组就要对安全检查表进行及时修订和改进，使得安全检查表始终都能真实反映生产安全情况。

5. 现场安全检查的方法（见图7-9）

实地观察——进入现场进行实地观察，主要方法是"看"、"嗅"、"听"、"摸"、"查"。

"看"——查看外观变化。

"嗅"——闻一闻有没有有毒气体泄漏。

```
                        ┌─────┐
                        │现场 │
                        │安全 │
                        │检查 │
                        │方法 │
                        └──┬──┘
    ┌──────┬──────┬──────┼──────┬──────┬──────┐
 ┌──┴─┐ ┌─┴─┐ ┌─┴─┐ ┌──┴─┐ ┌─┴─┐ ┌─┴─┐ ┌──┴─┐
 │实地│ │座 │ │汇 │ │个别│ │调 │ │查阅│ │抽查│
 │观察│ │谈 │ │报 │ │访问│ │查 │ │资料│ │和提│
 │    │ │会 │ │会 │ │    │ │会 │ │    │ │问  │
 └────┘ └───┘ └───┘ └────┘ └───┘ └───┘ └────┘
```

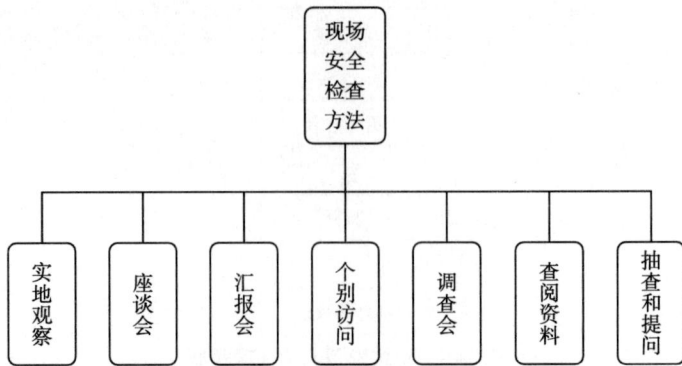

图 7-9　现场安全检查的方法

"听"——听设备运转的声音是否正常。

"摸"——触摸设备是不是严重发热。

"查"——查看设备有没有潜在的危险。

座谈会——一般在进行小型安全检查时采取开座谈会的方法。通过在座谈会上与相关人员有针对性地讨论某项工作取得的经验和教训，总结出更有效的安全生产方法，并及时查出存在的安全隐患。

汇报会——在上级对下级进行检查之前，召开汇报会议，由下级向上级汇报自检情况，提出自己不能解决的问题，通过讨论现场解决。也可以在上级安全检查结束后召开汇报会。生产安全检查组将检查出来的问题及时向上级汇报，上级对其检查工作进行评价并提出整改意见和解决期限。

个别访问——调查个别或系统隐患时常采用这种方式。为了便于了解设备以前的运行状况，进行技术分析并掌握规律，需要对有经验的操作人员进行个别访问，即便该员工调离了本职岗位也要进行访问，这样能了解到生产的真实情况。

调查会——通常在进行事故调查和安全动态检查时采用调查会的方式。在调查会上召集相关知情人员，逐项调查，共同参与讨论分析，得出结论，最后根据结论采取措施。

查阅资料——在进行细致检查时采用这种方式。细致检查做得比较深入细致，往往需要对资料进行对比、统计和分析，因此必须翻阅大量相关资料，才能得到真实可靠的检查结果，更好地实现生产安全的检查监督职能。

抽查和提问——检查某个部门的安全生产情况、员工素质和管理水平时常常采用这种方式。通过对这个部门的相关员工进行抽查提问检查该部门的真实水平，可为进行部门之间的工作评比提供有力的参考依据。

笔者箴言　对生产进行安全检查是事故管理的日常工作，只有将隐患提前排查，才能有效确保生产的安全性。

思考题：

1. 你知道安全检查的内容有哪些吗？
2. 你知道安全检查的形式和方法有哪几种吗？

四、制定安全应急预案

制定安全应急预案的目的是为了企业在遇到火灾、爆炸、危险品事故等紧急情况时，能迅速有效地进行应急救援，提高处理安全生产事故的能力，减少人员伤亡和财产损失。制定安全应急预案的依据是《生产经营单位安全生产事故应急预案编制导则》、《消防法》及其他相关法律法规。制定应急预案应始终坚持以"预防为主，安全第一"为准则。

1. 应急预案分类及数量制定原则（见表7-7）

表7-7　应急预案分类及数量制定原则

应急预案分类	**1. 政府预案和企业预案** 根据不同的划分标准，应急预案有不同的种类。根据应急预案编制的主体性质不同，应急预案可以划分为政府预案和企业预案。政府预案是由政府组织制定，由相应级别政府负责的应急预案；企业预案是由企业自己负责，根据自身情况制定的应急预案。 **2. 现场预案和场外预案** 现场预案和场外预案是根据事故影响范围不同而划分的。现场预案一般分为车间级、工厂级等不同的等级；场外预案根据事故影响区域的大小，分为国家级、区域级、省级、市级、县级。不同分类方式的预案侧重点不同，但应该相互协调一致。
确定应急预案数量的原则	根据《生产安全法》，生产经营单位应该制定应急预案，在制定应急预案之前，企业首先要考虑制定应急预案的数量。应急预案的数量既要符合法律规定的数量和种类，也要根据生产单位自身的实际需要进行确定。确定应急预案数量应遵循如下原则： **1. 严格按照有关法律法规制定** 确定应急预案数量遵循的法律有《安全生产法》、《消防法》、《环境保护法》、《职业病防治法》等；需要遵循的法规有《建设工程安全生产管理条例》、《特种设备安全监察条例》、《危险化学品安全管理条例》等；需要遵循的标准文件有《危险化学品事故应急救援预案编制导则》、《重大事故隐患管理规定》等

确定应急预案数量的原则	2. 制定应急预案要遵循底线原则 底线原则包括：要有关于重大危险源、职业病、消防、危险物品、环保、特种设备、危险化学品、建设工程、环境保护、防汛应急等方面的应急预案
	3. 从企业实际出发的原则 除了遵循法律原则外，企业还应根据自身实际需要，制定针对性较强的应急预案。企业一般应从如下几个方面考虑： 存在有毒有害物质泄漏的可能；易燃易爆物质发生重大事故的可能；万一发生停电、停气等情况影响正常生活情况的可能；交通拥挤、人员聚集场所以及其他存在重大安全问题的场所发生应急事故的可能

2. 确定是否制定应急预案的程序

通过下面的程序，企业就能确定可能出现的重大安全生产事故，在这个基础上就能进行相关应急预案的制定（见图7-10）。

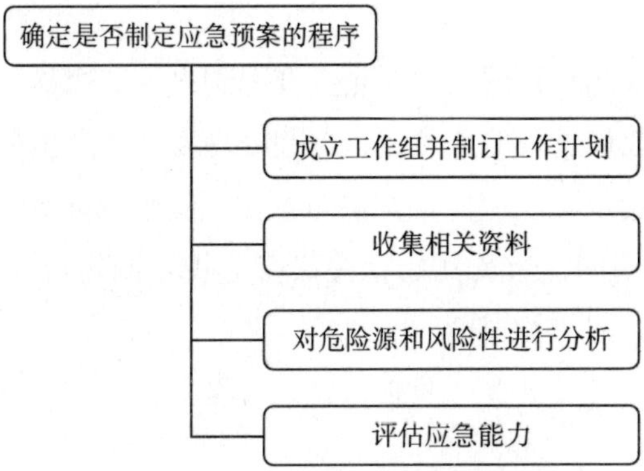

图 7-10　确认是否制定应急预案的程序

（1）成立工作组并制订工作计划。

企业应根据本单位、本部门的职能分工成立应急预案工作组。在明确任务和工作组领导人员后，对人员职责进行分工，制定工作计划表。

（2）收集相关资料。

确定是否制定应急预案，需要大量搜集相关资料。资料包括：关于应急预案的各种法律法规、相关技术标准、国内外同行案例分析、本企业相关资料等。在这些资料中，要重视从国内外同行业安全生产事故案例中吸取安全生产管理的经验教训。

（3）对危险源和风险性进行分析。

企业结合自身情况对可能存在的具体危险因素进行分析，在事故的隐患排查和治理的基础上，应进行事故风险分析。确定本企业可能发生安全生产事故的危险源、事故类型及产生后果，同时合理估计事故发生的次数及衍生事故，将其以书面分析报告的形式展现出来，作为以后应急预案制定的材料依据。

（4）评估应急能力。

企业应结合自身实际情况，对本企业的应急队伍、应急装备等进行综合评估，以不断加强企业的应急能力。

3. 制定应急预案的要素

应急预案是企业应急管理方案的具体工作反应，它不仅包括安全生产事故发生过程中的应急响应和相关的救援措施，还包括事故发生前的应急准备和事故后的应急恢复，应急预案的管理和更新等。下面我们看看企业的应急预案包括的六个要素（见表7-8）：

表 7-8　制定应急预案要素

应急预案要素	1. 应急方针 任何种类的应急预案都必须有明确的应急方针。应急方针是应急救援工作的优先方向、策略、总体目标和应急范围的反映。应急策略、应急现场的救援和准备工作等都要围绕应急方针进行
	2. 应急策略 制定的应急策略一定要有针对性和可操作性。因此，应急策略必须系统、全面地认识和评价潜在事故，识别重要潜在事故发生的可能性、事故性质、区域及可能产生的后果。另外，根据对事故分析的结果，对企业的应急救援力量和现有应急资料进行评估，为企业提出建设性意见。在进行应急策略的制定过程中，列举出国家、地方等的相关法律法规作为策略制定依据
	3. 应急准备 应急准备是企业对可能发生的应急事件所做的各项准备工作。应急准备是否充分决定了应急预案在企业应急救援中能否发挥作用。在应急策略的基础上，应急准备所需的应急组织及职责权限、应急队伍建设及人员培训、必要的互助协议等细节内容也就逐渐明确和细化
	4. 应急响应 明确并实施应急救援是应急响应能力的体现。应急响应的核心功能相互联系，同时又具有一定的独立性。它包括：通知与接警、警报和应急公告、控制和指挥、人群的疏散与安置、抢险和消防等。一般情况下，不同性质的企业核心应急功能具有不同的差异
	5. 恢复现场 事故发生后期通常都会进行现场恢复。恢复现场要处理的问题包括泄漏物的污染、对伤员的治疗和救助及保险索赔、恢复生产秩序等
	6. 对应急预案进行管理和评审改进 安全生产事故之后，对预案中和实际不相符的部分要进行不断的修改，使其进一步得到完善，更有利于指导应急工作。一般对预案进行改进前要经过相关的评审。评审的时机一般在紧急情况发生之后、人员职责发生变动之后或培训演练之后。经过评审之后，企业对应急预案的不足项和改进项进行改进

4. 制定应急预案的步骤（见图7-11）

（1）组建预案制定队伍。

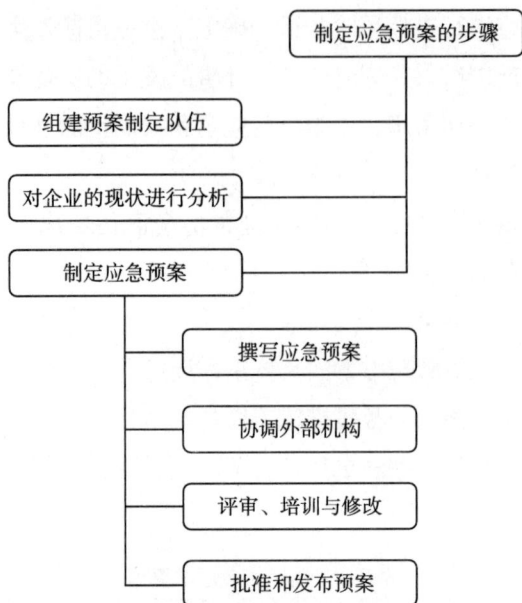

图 7-11　制定应急预案的步骤

应急预案的制定和管理要投入大量时间和精力，需要企业各个部门的积极参与，因此企业应组建应急预案队伍，更好地开展应急预案制定工作。通常由企业高层领导担任应急预案小组的组长，这有利于增强预案小组的权威性。制定应急预案的工作最终由小组中一两个执笔的人员完成。但制定过程和制定完毕之后，要大量征求各应急响应部门的意见，特别是高层管理人员、一线管理人员、安全部门、工程部门、环境卫生部门、市场销售部门、财务部门等的意见。经高层领导同意后，预案制定小组就可着手制定书面文件，制定费用预算，并编制部门预案时间进度表了。

（2）对企业的现状进行分析。

主要从以下四个方面对企业现状进行分析：

一是对企业法律法规和企业现有的预案、企业关键产品和作业、企业内外部资源能力进行分析。企业应对国家、省级及地方的法律法规进行分析，例如应急安全管理规定、消防法律法规等，同时还要对企业现有的疏散预案、安全卫生预案、危险品预案等进行分析，紧急情况内部资源和外部资源是企业现状的重要组成部分，因此很有必要对其进行分析。

二是潜在紧急情况的分析。潜在紧急情况主要包括企业应急管理办公室辨别出来的紧急情况，同时也包括单位内部和社区隐含的紧急情况。

三是对企业的内外部资料的评价。企业根据各种经济响应资源及其准备情况，对内外部资源进行打分，分值越高说明效果越差。为了客观评价，企业需要全面考虑各种潜在紧急情况发生、发展和结束所需要的资源。各种紧急情况询问的问题包括：

是否具备了所需要的资源和能力？

在需要时外部资源能否及时到位？

有没有其他能够优先利用的资源？

如果对上面三个问题的回答都是肯定的，就可以继续进行下面的工作，否则就要进行修改，直到上面三个问题的答案肯定为止。

四是进行综合分析。各种紧急情况的总分越低越好。对不同紧急情况的分值进行综合比较有助于确定资源利用的优先顺序，使应急工作的目标更加明晰。

在进行资源评价时，消防、医护人员等应注意各自的响应工作，否则在紧急情况下他们就不能做出及时的反应，延误企业的应急行动。

（3）制定应急预案。

应急预案的制定步骤主要有：

撰写应急预案——具体包括确定工作目标，确定阶段性工作时间表，制定落实到具体人员和时间的工作任务清单，确定总体预案与各部分的最佳组合，给每位参与预案制定的成员分配相关任务，确定存在问题的资源，制定具体工作时间进度表。

协调外部机构——撰写好预案后要和地方政府或社区机构及时沟通，与外部机构协调一致。外部机构提出的建议和信息对制定应急预案非常有用，因此应急程序中应包含省级或地方政府对紧急情况的要求。协调外部机构的具体内容包括汇报的对象和内容，企业应急响应的通道，企业和外部机构或人员沟通的方法，设负责应急响应活动、特殊情况下应进入现场的权力部门有哪些等。

评审、培训与修改——撰稿人员应将初稿分发给各编写组成员进行评审，必要时还要对预案进行修订。第二次审稿时，要对公司管理人员和应急管理人员开展桌面演习。具体做法是在会议室设计一个紧急安全生产事故场景，每位参与人员都要讨论自己在该场景中的职责，充分讨论之后，对交代不清或重复的内容进行修改。

批准和发布预案——在会议讨论之后，应向最高领导人汇报评审和修订后的预案，上级批准后就可以发布预案。发布前应将预案装订并逐一编号，然后发放和签收预案。发放预案时应注意应急响应核心人的家里必须备有一份应急预案。

5. 火灾响应预案

火灾是企业经常发生的安全生产事故，无论是小火灾还是大火灾都会给企业带来不同程度的损失，所以，做好火灾安全管理对企业来说有着十分重要的意义。

（1）企业火灾安全管理的首要任务是做好预防工作，火灾预防可以从以下几方面进行：

①如果企业内部有使用火的需要，必须先办理一张许可证，允许后才能动火；

②企业要委派一定的人员对企业内部进行巡回检查，以便及时发现问题，并妥善处理；

③如果企业有易燃物品，要严格按照易燃物品操作及储存的相关规定来管理；

④企业要设立专门的吸烟区，除了吸烟区以外，企业的其他地方都不允许吸烟；

⑤企业一定要建立避雷设施并按要求对其进行定期检查，避免避雷设施出现故障。

（2）在此套火灾响应预案中，发现火灾者负责启动预警系统，应急小组负责制定防火方案并进行现场指挥处理，HSE负责维护消防系统。

如果企业发生小型火灾，应做如下处理：

①立即报告火警，启动报警系统；

②在消防人员没到之前，想办法减小火的蔓延，最快确认着火点；

③灭火中要正确使用灭火器，由电源失火引起的火灾，要使用二氧化碳或干粉灭火器，不能使用水成膜机械泡沫灭火器；

④灭火后，处理人员应立即向主管人员报告。

如果企业发生大型火灾，应做如下处理：

①启动报警系统。

②应急小组、义务消防员、急救人员应立即在紧急集合点集中。同时，主管人员要打"119"报警，报警时要提供下面的信息。

A. 火灾发生地点：公司地址、名称；

B. 着火的物质：如电器引火、罐区原料着火、车间物料着火或仓库着火等；

C. 火势状况：火势范围、有无爆炸等；

D. 是否有人员伤亡；

E. 联系方式：联系人及电话。

③将所有人员疏散到应急集中点，然后主管人员清点企业人员数目及外来人员数目。当存在人员缺失时，要立即去现场救人。

A. 制定伤亡急救预案，治疗火灾伤亡人员；

B. 组织人员进行自救，对设备、建筑物、罐区进行降温以防止蔓延。

④专业消防员来临后，应急小组组长应向消防队介绍火场情况，主要有以下几个方面：

A. 对火灾现场做简单的介绍；

B. 人员遗留、缺失的情况；

C. 着火地点及现场物品的存放情况；

D. 着火物品的物理和化学性质。

如果火灾现场有挥发性化学品，应急小组应在发生泄漏的上风位建立应急中心，应急人员应佩戴自给式呼吸器及防化服，用气体检测仪确定危险区及安全区，并建立警戒区，以防止无关人员进入。

如果在非正常上班时间发生火灾，应由保安人员报告"119"，并派人接警，同时向公司值班人员报告。

（3）企业在发生火灾时，要做好紧急疏散工作。紧急疏散工作主要包括以下几方面：

①所有员工听到火警铃声时，应立刻放下手中的工作，尽快疏散到"紧急集合点"；

②主管人员决定是否立即停机；

③生产经理指定一人去疏散外地施工人员；

④确定控制室、实验室、车间、办公楼、更衣室、厕所、仓库、罐区等地点是否有人未被疏散；

⑤所有员工在火警没有解除前都不能返回到自己的办公场所；

⑥前往紧急集合点时，不要跑，要快速行走，以免引起其他伤害。

（4）企业应具备的火灾应急设备如下：

① 企业各个地点都应有火灾疏散路线图；

②企业要按要求配备相应的消防系统及器材，并且定期检查维护，确保消防系统及器材的有效性；

③通道、走火门应时刻保持畅通；

④企业内的各种火灾标志应保持清晰。

（5）企业应对火灾事故做好相关记录：

①火灾事故调查记录；

②许可证文件；

③应急准备和响应程序；

④人员伤亡响应方案。

此套火灾响应预案适用于企业各生产车间发生的火灾事故，但不适用于因地震引起的火灾事故。

笔者箴言　　面对发生的安全事故，管理者必须沉着应对。而要做到这一点，完善的安全应急预案必不可少。

思考题：

1. 学习了本节，你知道如何制定应急预案了吗？

2. 你的企业是否制定了火灾响应预案？

五、调查和分析安全生产事故

对于已经发生的安全生产事故，安全管理人员一点都不能怠慢，应立即着手对事故进行调查和分析，这样才能清楚地了解到生产现场存在的安全隐患，防止事故再次发生。下面我们看如何调查和分析安全生产事故。

1. 安全生产事故的调查

调查生产事故主要从五个方面进行（见图7-12）：

（1）进行物证收集——事故现场的物证有：破损部件、残留物和破片；要保持物证的原样，不准进行擦拭或冲洗；若物证是有害性的物品，应采取安全防护

生产事故调查的内容

进行物证收集

进行相关材料的记录

收集事故背景资料

进行事故现场拍摄

从目击者处收集资料

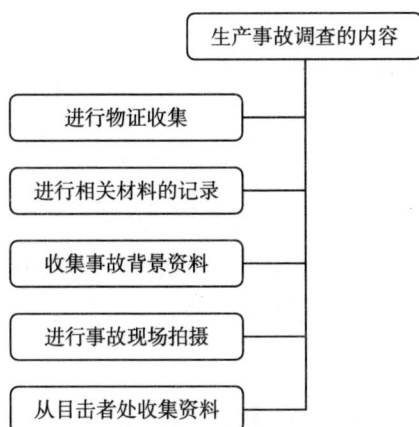

图 7-12　生产事故调查的内容

措施保护原始证据；安全管理人应将搜集到的物证贴上标签，并注明发现的时间、地点和负责人。

（2）进行相关资料的记录——要记录的内容包括：事故发生的时间、地点及部门，受害者和肇事者过去的事故记录、姓名、性别、年龄、文化程度、工龄、技术水平、工资等，事故发生时受害者和肇事者工作的开始时间、工作内容和强度、作业程序位置等。

（3）收集事故背景资料——主要包括：事故发生前设备的性能和保养维修状况；作业使用的材料，若有必要可对材料的物理性能和化学性能进行实验分析；相关设备或工艺方面的技术文件、作业操作规则的执行情况等；对照明、温度、湿度、通风情况、道路状况、是否存在有害物质等方面的工作环境状况进行了解；员工防护措施的质量、有效性及执行情况；受害者或肇事者在发生事故前的健康状况；其他与事故有关的细节因素。

（4）进行事故现场拍摄——主要拍摄内容是：受害者的照片及事故残骸、容易消失的刹车痕迹、建筑物或地面的伤痕、火灾引起的全貌等。

（5）从目击者处收集资料——从目击者那里搜集资料时，要认真记录他的口述材料，并考证其真实度。

2. **安全生产事故的分析**

通常对安全生产事故采取直接原因和间接原因两个层面的分析。一种或多种不安全行为是其直接原因，管理设施、决策的缺陷或环境因素是间接原因。进行安全生产事故分析应从直接原因入手，进而逐步分析其间接原因，最后找出导致安全生产事故发生的所有原因。

（1）主要分析要点。

安全事故分析的主要内容是人员的受伤部位、性质、程度和起因，设备的不安全状态以及员工作业时存在的不安全操作行为等。

如何来分析事故原因呢？鉴于事故原因较多，我们从以下几方面进行分析：

①现场工作是否缺乏必要的检查或指导；

②劳动组织是否合理；

③安全操作规程是否健全、合理；

④操作人员是否进行了不安全行为；

⑤机械设备、物料等是否处于非安全状态；

⑥有没有采取事故防范措施；

⑦有没有消除安全隐患；

⑧机械设备、工艺过程、操作方法、材料使用等方面的生产技术和设计是否存在缺陷。

通过对以上几点的分析，就能确定事故发生的主要负责人和引起事故的主要原因。根据分析结果，就可以对负责人进行相关处理，并采取预防措施避免同类事故的再次发生。

（2）计算伤害率。

为了更准确地把握事故的严重程度，需要计算事故伤害率，这也便于统计和上报。

下面我们看三种伤害率的计算方法。

伤害严重程度——指某一时期内百万工时事故造成的工作日数损失，计算公式是：

$$伤害严重程度 = \frac{总损失工作日 \times 10^6}{实际工时}$$

千人死亡率——指某时期内因安全生产事故每 1000 名员工中死亡的人数。计算公式是：

$$千人死亡率 = \frac{实际死亡人数 \times 10^3}{员工总数}$$

百万工时伤害率——某时期内百万工时事故造成的伤害的人数。轻伤、重伤、死亡人数之和即为伤害人数。

$$百万工时伤害率 = \frac{伤害人数 \times 10^6}{实际工时}$$

综上所述，企业一旦发生安全生产事故，一定要全力抢救人员和物资，同时还要做好事故的调查和原因分析。这样就能根据造成事故的原因对生产设备或安全管理制度的漏洞进行整改，避免类似悲剧再次发生。

笔者箴言

安全事故发生后，我们必须对其进行调查和分析，在最短的时间内确认引发安全事故的原因，从而对这类隐患进行清除，或者对不良因素进行改善，使其符合安全生产要求。

思考题：

1. 安全生产事故调查应该从哪几方面入手？

2. 学习了本节，你学会如何分析安全生产事故了吗？

六、安全生产事故现场急救措施

生产现场难免会发生各种安全生产事故，每个人都掌握了常用的安全急救措施，才能及时正确地做好现场急救工作，将事故的危害降到最小。

生产现场急救是在没有医护人员的情况下，对生产现场发生的各种意外伤害事故采取初步紧急救护措施。生产现场急救可通过简单必要的处理，使伤员尽快恢复正常呼吸，阻止毒物进一步进入体内，极大地减少病人的痛苦，加快伤员的恢复，将安全生产事故带来的危害降到最低。

生产现场急救具有突发性、紧迫性和艰难性的特点。

突发性——现场急救一般出现在人们的预料之外。在事故现场见到的伤员一般都是生命垂危，因此需要在场人员和其他场外人员共同参与急救工作。

紧迫性——安全生产事故发生后，现场情况一般都很复杂，伤员的伤情十分严重。心跳停止6分钟，伤员就会出现大小便失禁、昏迷等现象，在4分钟内对伤员进行心肺复苏急救，被救活的可能性一般也只有50%。急救现场，时间就是生命，要是不及时进行抢救，就会"差之毫厘，谬以千里"，伤员就会失去生命。

艰难性——安全生产事故中的伤员一般都病情严重，受伤种类复杂，一名伤员常常会多处同时受伤，急救人员的任务非常艰巨，需要临危不乱的心理素质和过硬的急救技术。下面我们来看外伤急救方法。

1. 常见外伤急救方法

生产现场常见外伤包括止血、包扎、固定和搬运。现场急救应遵循先急后缓、先近后远、先抢后救、先止血后包扎、先固定后搬运的原则。下面分别来看常见的四种外伤的急救方法。

（1）止血。

按照损伤血管的不同，可将出血分为动脉出血、静脉出血和毛细血管出血三种。动脉出血的特点是伤口向外喷射出鲜红的血液；静脉出血的特点是伤口向外溢出暗红色血液；毛细血管出血的特点则是鲜红色血液向外渗出。三种出血中最危险的是动脉出血，一定要及时止血，否则后果不堪设想（见表7-9）。

表7-9 止血方法

止血方法	1. 加压包扎止血 具体做法是：将干净的毛巾或消毒纱布折叠成比伤口稍微大的垫子盖在伤口上，然后用绷带或布条将其扎紧，其松紧度达到止血目的为宜。当出现静脉出血或毛细血管出血时常常采用这种方法，当伤员出现骨折或关节脱位时，不能采用这种方法
	2. 指压止血 这是一种很容易操作的临时性止血方法，这种方法是根据动脉走向，用手指按住出血伤口的近心端，进行临时止血。颈部、头部、四肢的动脉出血都可采用这种方法
	3. 用止血带止血 具体做法是：用布条或橡皮管在伤口上方肌肉较多的部位进行缠绕，这种方法是最快速的止血方法，松紧度以摸不到远端动脉的搏动为宜，这样伤口能迅速止血。过松没有止血效果，过紧的话又会由于血液循环不畅损伤神经，导致肢体坏死。在不能用于加压止血的四肢大动脉出血时才能用止血带法止血。对伤员进行止血带止血时，应将止血带的部位和止血时间标在伤员明显的部位上，在止血时间超过2小时后，应每隔8分钟将止血带放松一次，为了避免放松时伤口大量出血，在放松期间可采用指压法进行临时止血

（2）包扎（见表7-10）。

包扎作用有：减少伤口的感染，保护伤口，固定敷料夹板，迫使血管止血，减轻伤员疼痛等。对伤员进行包扎时，动作要准、轻、快、牢。包扎前要根据包扎的伤口选择不同的包扎方法，同时预先对伤口进行初步处理。包扎不能太紧也不能太松，太紧会影响伤员的血液循环，太松的话容易脱落，起不到包扎的作用。包扎打结的位置应尽量避开伤员伤口或坐卧受压的部位。包扎骨折性伤口时，应将伤肢的末端露出来，这样便于对血液循环情况进行及时观察。

包扎时常用的材料有三角巾和绷带。三角巾可通过将边长1米的正方形棉布对角剪开得到。绷带的标准长度一般是6米，宽度3~10厘米不等。包扎时根据不同需求选用不同规格的绷带。如果急救现场没有专用包扎材料，可用身边的衣物、毛巾等进行包扎。

表7-10　包扎方法

包扎方法	1. 头部帽式包扎 具体做法是：把三角巾底边向内折叠约两指宽，放在前眉上，顶角拉到后面盖住头顶，把两底边沿耳上方拉至头后，左右交叉将顶角压住，然后拉到额前打结
	2. 用三角巾进行眼部包扎 如果包扎的是单眼，首先要将三角巾折叠成约四指宽的带状，将其斜置于伤眼的侧部，从伤侧耳朵下部绕到头后面，经过健康耳朵上方后，另一端将伤眼包扎后拉上来，在脑后面打结 如果包扎的是双眼，包扎方法和单眼类似，只是双眼都要进行包扎，形成"8"字形后，两端在脑后汇合后绕到下颚打结固定
	3. 用三角巾包扎胸部 具体做法：将三角巾放在伤侧肩膀上，两底边从胸前横拉到背部打结，然后再和顶角打结固定即可

（3）固定（见表7-11）。

表7-11　骨折固定要点

骨折固定要点	①先止血：若骨折部位出血，应先止血，后进行包扎和固定
	②加垫：为防止突出部位的皮肤受损，使骨折部位固定稳妥，应用棉花或布块等物在骨突处垫好，这样夹板等固定材料才不会直接接触到皮肤
	③不乱动骨折部位：为了不损伤骨损伤处神经或血管，在固定时不能随意移动骨折部位，不能将外露的伤骨送进伤口，因为这样伤口容易被感染。为了避免对损伤肢体的移动，可以在几个人的协作下进行固定。可以一个人握住伤口上方，一个人握住伤口下方，另一个人负责固定伤口
	④固定松紧要适度：固定得过松容易滑落，失去固定的作用，但固定得过紧又会影响血液循环，因此，固定松紧程度一定要适当。固定时应将指尖外露，这样便于观察血液流动情况。如果指甲发青或苍白，说明固定包扎过紧，应迅速放松包扎带，重新包扎。固定后应及时记录固定时间，同时将伤员送往医院进行治疗

固定主要用于骨折，因此在学习固定方法之前先对骨折进行了解。

骨折即人体某部位发生完全或不完全的断裂。骨折根据致伤外力不同可以分为不同的种类，骨折断裂处与外界相通的是完全性骨折，否则为不完全性骨折。依据骨骼走线不同，骨折又分为压缩性骨折、粉碎性骨折、横行骨折等。不同的骨折有不同的处理方法。

不同的骨折的主要症状不同，骨折主要症状有疼痛、肿胀、畸形、功能障碍、大出血等。骨折急救是伤员送往医院前对损伤骨头的临时固定，这样伤员在送往医院的途中就会避免因为搬运、颠簸等原因造成骨头的再次损伤，同时还能减轻伤员的痛苦。

（4）搬运。

在事故现场对伤员进行初步处理后，应快速用适当的交通工具将伤员送往医院。在搬运伤员的过程中要随时留意伤员的病情变化。最常用的搬运方法是徒手搬运和担架搬运。

徒手搬运在病情轻、搬运距离短的情况下才适用。徒手搬运分为单人搬运、双人搬运、多人搬运。

担架搬运法适合于病情较重、距离较远，同时不适合徒手搬运的伤员。一般的搬运工具有帆布担架、门板、床板、包裹式、充气式担架等。将伤员抬上担架时，应由四个左右的急救人员同时将其头、胸、盆骨和腿等部位托住，平稳地将伤员放到担架上，同时还要对伤员进行固定。

不同病情选用的担架和搬用方法不同。上肢骨折的伤员一般都能自己走动，用搀扶法即可；对下肢骨折的伤员一般采用普通担架进行搬运；搬运脊椎骨折的伤员时，应用硬担架或木板搬运，同时还要填充固定物；搬运高位脊椎骨折或颈椎骨折的病人时，不但要对担架填充固定物，还应有专人牵引头部，防止晃动给伤员带来意外伤害。

下面我们来看如何对热力烫伤、触电等人员进行现场急救。

2. 烫伤人员的现场急救

在生产现场，热液、火焰、热水、蒸汽、热固体、热辐射等都会导致烫伤。日常生活中我们听说过很多急救烫伤的措施，比如向伤口上涂抹牙膏、酱油或香油，实际上，这些措施不利于热量发散，会加重伤口的污染。

被火烧伤时，不要叫喊和奔跑，或用手灭火，这样可能会导致头部、面部、呼吸道或四肢等其他部位被烧伤。最好的方法是将毛毯或被子浸湿裹住燃烧的部位，就地卧倒滚动，直到火灭为止。

烫伤最有效的现场急救措施是尽快将致伤的因素除去，同时进行降温处理，即冷疗。如果被高温液体烫伤，应尽快将烫伤部位的衣物除去，这样可以有效阻止热力的继续作用。同时，应将烫伤部位用大量凉水冲洗或浸泡，这样能快速使烫伤部位冷却，减轻伤者的疼痛，降低皮肤组织被破坏的程度。

一般情况下，冷疗只有在烫伤后 30 分钟内才有效果，因此冷疗一定要快速。冷疗对水温没有严格的要求，一般在 15~20℃即可。除了用水冲洗，冷疗也可以采用湿纱布或毛巾敷在伤口上，直到烫伤部位的疼痛感消失的方法。现场有条件的，最好对冷疗的纱布或毛巾进行消毒处理。如果伤者的伤势非常严重，应给其服用一定量的淡盐水或烧伤饮料以补充体液，在冷疗的同时，应尽快送往医院救治。

3. 触电人员的现场急救

> ## 案例
>
> 　　小李和未婚妻买了一套新房子，他们一起对新居进行布置。小李准备将一幅画挂在起居室以美化环境，于是他用电钻在墙上钻洞。开始时进行得很顺利，但没想到钻第二个孔时小李就尖叫一声倒在地上。此时站在一旁的未婚妻很震惊，她意识到小李可能触电了，于是就迅速关闭电闸开关，将小李拖到房间空气流通最好的地方，过了十分钟左右，小李就醒了过来。

对触电人员进行现场急救时，急救人员不能慌乱，首先尽快将电源断开，然后对伤者采取急救措施。上面案例中小李的妻子在触电现场的急救措施值得我们学习。

根据触电后的损伤程度我们可将其分为轻、中、重三种类型。轻度触电者虽然没有生命危险但也会引起身体的不正常反应，上面的小李就属于轻度触电；中度触电者通常会出现血压下降、抽搐、暂时休克等症状；重度触电者可能会由于电流通过心脏而引起心跳突然停止，或由于电流经过呼吸肌引起呼吸肌肉剧烈收缩导致呼吸突然停止。

人触电时，由于身体本能反应或痉挛，人往往抓紧带电体，无法和电源分离。因此，发生人员触电时最重要的是使伤者尽快脱离电源。使触电者脱离电源的方法主要有以下几种（见表 7-12）。

表 7-12 是三种使触电者脱离电源的方法，在进行电源切断工作时，急救人员应根据电压等级保持一定的安全距离，保证自己的人身安全。在触电人员脱离

表7-12　使触电者脱离电源的方法

使触电者脱离电源的方法	1. 脱离低压电源的方法 ①若触电地点附近有电源插头或开关，应立即关闭开关或拔脱插销，将电源切断。但应注意，有可能这个开关只控制部分电线，这样仍然没有真正切断电源 ②若电源离触电地点比较远，可使用绝缘电工钳切断电源，但必须将电源侧线切断，以防切断的电源线伤及其他人 ③若触电者身上有低压导线，可用木棍等绝缘物移开带电导线，但移动导线时一定不能用潮湿的工具或金属棒，否则自己也会被带电导线击中 ④若电线被触电者压在身下，应用干燥的衣物、绳索、木板等绝缘材料为工具，将触电者与电线分开，使其与电源分离
	2. 脱离高压电源的方法 ①想办法切断电源，如果不能，及时通知有关部门进行断电 ②穿戴上符合该高压电源的绝缘靴、绝缘手套，用相应电压的绝缘工具按关闭高压电源的顺序将电源切断
	3. 脱离架空线路的方法 ①如果架空线路上有人触电，应将电闸迅速关闭，若不能立刻关闭电闸则应及时通知供电部门快速断电 ②抛掷金属丝使电流短路，迫使保护装置使电源断开。注意在抛掷前，一定要先保证金属丝的一端可靠地接地，抛掷另一端时要保证不会伤及触电者或他人

电源后，就应着手对触电者进行急救处理。

有人计算，如果有人触电后急救人员5分钟内赶到现场，抢救成功率通常达到60%，而15分钟之后才去抢救的话，绝大多数触电者已经死亡，因此急救人员在抢救触电者时一定要做到迅速、就地、准确。

在进行现场急救时，首先应快速切断电源，或用木棒、竹竿等绝缘材料将电线挑开。如果触电者没有脱离电源，一定不能去拉触电者，否则急救人员自己也会触电。在触电者脱离电源后，就要对触电者进行保护，防止出现跌落等伤害。最后一步是对触电者进行检查和救治。根据触电者的伤害程度，可采取如下急救措施（见表7-13）。

表7-13　触电者的现场急救方法

触电者的现场急救方法	①如果触电者神志清晰，但脸色苍白，呼吸急促，为了减轻心脏负担，触电者不能随地走动，而要就地平躺下来休息。另外，急救人员需要随时对触电者的脉搏和呼吸情况进行严密观察，一旦脉搏过快或过慢，要立即请医务人员尽快对其进行检查治疗
	②如果触电者神志不清，虽然有心跳但呼吸停止或十分微弱，应及时对其进行人工呼吸，否则触电者会由于心脏长时间缺氧而停止心跳
	③如果触电者停止心跳、没有神志，但仍然有微弱的呼吸时，应尽快采用心肺复苏急救。不能用胸外按压法，因为在呼吸微弱的情况下这种方法不会起到气体交换的作用
	④如果触电者的心跳和呼吸都停止了，应尽快将其送往医院，同时在送往医院的途中对其进行心肺复苏急救

续表

触电者的现场急救方法	⑤如果触电者的心跳和呼吸都停止，同时还有其他伤害，应首先快速进行心肺复苏急救，接着再对外伤进行处理。若触电者其他伤害中有颈椎骨折，为了防止其高位截瘫，在开放气道时切忌不能使其头部后仰，而应用托颌法
	⑥如果触电者触电的原因是雷击，由于强大的雷电流使心脏骤停，会导致脑部代谢静止，大脑中枢无法呼吸，应尽快进行心肺复苏急救，否则触电者会因为缺氧而彻底停止心跳

4. 危险化学品烧伤人员的现场急救

在生产过程中，经常会有员工被危险化学品烧伤，此时我们可以采用以下方法进行急救（见表 7-14）。

表 7-14　危险化学品烧伤的现场急救

危险化学品烧伤的现场急救	①患者的皮肤被危险化学品烧伤时，应立即将其带离事故现场，随即脱掉患者沾有危险化学品的外套，用大量的清水冲洗受伤部位，然后迅速将患者送往医院救治 在危险化学品皮肤烧伤处理过程中，需要注意的是，受伤部位用清水冲洗后不要在上面随意涂油膏及红药水，也不要用不干净的布进行包扎，避免伤口感染
	②患者的眼睛被危险化学品烧伤时，要将患者的眼皮掰开，用清水冲洗眼球，随后送往医院治疗 在危险化学品眼睛烧伤的处理过程中，需要注意的是，不要急于将患者送往医院，一定要先在事故现场对患处进行清洗处理；如果是生石灰或电石颗粒进入眼内，要先用棉签将颗粒取出，再进行清洗

5. 急性中毒人员的现场急救

企业生产中发生急性中毒事件，可利用以下方法对中毒人员进行现场急救（见表 7-15）。

表 7-15　急性中毒人员现场急救

急性中毒人员现场急救	①立即将患者带离事故现场，移至没有毒物污染、空气流动速度比较快的地方。如果患者身上沾有有毒物质，应立即脱掉被污染的外套，并用清水冲洗
	②如果患者是口服中毒，应先用羽毛、筷子、手指等物来刺激咽部及舌根催吐。注意吐出的物质不能丢弃，要保留以待检查。在催吐时，要使患者保持低头、身体前曲的姿势
	③如果患者是误服强酸、强碱导致中毒，则不宜采用催吐的方法，因为这样会使酸碱物质再次损害食道、咽喉，可以服用豆浆、牛奶或蛋清等。需要注意的是，此时切忌对患者进行洗胃或服用碳酸氢钠，避免引起胃穿孔
	④如果患者有抽搐、呼吸困难、吸气时有叫喊声的现象时也不能采用催吐的方法
	⑤如果患者呼吸、心跳停止，应采用心肺复苏术，主要方法是人工呼吸和心脏按压。但需要注意的是，实施人工呼吸的人员不要吸入患者呼出的气体，避免再次发生中毒事故。为了保证患者呼吸道通畅，应对其鼻腔、口腔内的分泌物进行清除
	⑥如果患者呼吸急促、表浅，可采用注射呼吸兴奋剂或人工呼吸的方法抢救

在急性中毒处理过程中，需要注意的是，在进行现场急救的同时，应及时联

系医院，以防延误治疗；护送患者去医院的人员应向医院提供中毒的原因及患者的呕吐物，以便医院检测与治疗；参加救护的人员，应佩戴防护设备，做好自身防护，以防造成更多人中毒，使抢救工作更加困难；救护人员在抢救病人的同时，应尽力阻止有毒物质的扩散。

6. 遇湿易燃物品火灾的现场急救

遇湿易燃物品容易与水发生反应，引发火灾。在扑救这类火灾时一定不能用水、酸碱灭火器或泡沫灭火器等，可采用以下方法（见表 7-16）。

表 7-16　遇湿易燃物品火灾急救方法

	少量遇湿易燃物品着火	此种情况可用大量的水或泡沫灭火器等扑救
遇湿易燃物品火灾急救方法	大量遇湿易燃物品着火	可用干粉、二氧化碳、卤代烷等扑救；如果是固体遇湿易燃物品着火可用水泥、干沙、干粉等覆盖
	遇湿易燃物品与其他物品混合着火	①首先要辨别是哪类物品着火 ②如果是遇湿易燃物品着火，可采用上述方法扑救 ③如果是其他物品着火，要先用防水布将遇湿易燃物品遮盖好，将其和其他物品隔离开来，再利用普通的灭火方法进行扑救

（1）在扑救前要先了解遇湿易燃物品名称、数量、性质及火势蔓延的途径。

（2）使用水或泡沫灭火器扑救少量遇湿易燃物品时，起初火势可能会增大，但是待物品烧尽后，火势很快就会熄灭。

（3）如果遇湿易燃物品中有镁粉、铝粉等粉尘，一定不要使用有压力的喷射灭火剂，避免粉尘被吹散，与空气混合导致爆炸。

（4）在辨别遇湿易燃物品与其他物品究竟是哪类物品着火时，可用少量水进行试探，如果火势明显增大，说明遇湿易燃物品已着火；反之，说明遇湿易燃物品没有着火。

（5）在扑救金属钾、钠、铝、镁等物品火灾时，不宜使用二氧化碳、卤代烷。因为钾、钠等物品具有极强的还原性，使用二氧化碳不但不能灭火，还会增加火势，此时可使用苏打、食盐、石墨粉等来扑救。

（6）锂发生火灾时不能使用食盐和氮进行扑救，可使用石墨粉来灭火。

笔者箴言　　急救措施是减少安全生产事故损失的重要手段，不论是管理者还是普通员工，都要掌握一定的急救措施。

思考题：

1. 常见的外伤急救方法你学会了吗?

2. 学习了本节，你是否学会了上述各种生产事故的急救方法?

第八章　安全生产常识

本章提要：

▶ 如何做到用电安全

▶ 设备的不安全因素和防护措施

▶ 危险化学品的分类、管理及危险化学品安全事故的预防

▶ 各种作业环境的改善方法

▶ 劳动防护用品的分类及使用

一、用电安全

 **案例**

2005 年 5 月 25 日，俄罗斯首都莫斯科一片混乱，其原因是莫斯科出现了大面积的停电。150 万~200 万人的生活和工作受到了停电的影响，这次停电给莫斯科造成了超过 10 亿美元的损失。

是什么原因导致停电的呢？原来，在那几日，莫斯科天气非常炎热，空调用电量空前增大，但老化的电力系统承受不了这么大的负荷，一座使用了超过 40 年的变电站因此起火爆炸，致使莫斯科电力系统全面崩溃。

从上面我们看出，用电安全生产事故会对人的工作和生活产生很大影响。企

业在生产用电安全方面，应该注意哪些呢？

（1）保险丝不能用铜丝、铝丝、铁丝等代替，若空气开关损坏，应立即更换。保险丝和空气开关的大小应与所用电容量相适应，否则很容易引起电气火灾。若保险丝漏电或被烧断一定要立刻找出原因，将故障彻底排除后方可使用。

（2）用电设备的金属外壳必须与可靠的保护线相连接。如果是单相用电，与三蕊电缆相连；如果是三相用电，则与四蕊电缆相连。

（3）要对低压配电线路的"零线"重复接地。接地时引线、接地桩、连接体的材料、材料的横截面积等都要符合要求。为防止零线断线三相不平衡，中性线零位电压中心点位移，使电压升高或降低而烧坏用电设施，在线路较长或电负荷非常集中的低压配电上，应在"零线"上每隔一段进行重复接地。

（4）同一供电点的接地和接零要统一。同一台变压器供电器线上的所有用电设备的金属外壳接地或接零的保护接线方式应统一，不允许同一供电点采用不同的保护接线方式。

（5）应用电工胶布将电缆或电线的破损处粘好，不能用医用胶布代替电工胶布，更不能用尼龙绳包扎破损处，切勿将电线直接接入插座内。

（6）若发现正在使用的电器冒烟、烧焦或着火，不能用水或泡沫灭火器灭火，而应立即切断电源。

（7）对厂内坐地扇、手甩钻、手提砂轮机等移动式用电器都必须安装漏电保护开关。漏电保护开关能在线路或设备漏电时通过保护装置测出异常信号，经过中间机构的转换和传递将电源自动切断，保证出现故障时人身和设备的安全。同时，还要经常性地对漏电保护开关进行检查，每月至少在一次以上，发现失灵或其他故障应及时更换。

（8）切勿触摸开关、灯头、插座等电器具；对损坏开关、插座等要及时修理或更换，不能再次使用损坏的电器；不能乱接乱拉厂房内的电线；为了防止触电，切勿使用残旧的或破损的电线。

（9）不能将电炉、电烙铁等发热器直接放置在靠近易燃物的地方。如果电热器具没有自动控制开关，用完后应将电源随手关掉，以防失火。

（10）负责电气设备安装和高压查修的特种作业人员，必须经过各项专业的技术培训和考核，具备相关电器知识，熟悉《电工安全工作规章》，并在取得安全生产综合管理部门颁发的特种作业操作证后，才能独立上岗。

（11）必须要有科学、合理、可靠的安全用电防护措施。电气工作人员作业时要穿戴的防护用具有绝缘靴、绝缘手套、绝缘杆、遮栅、标示牌、安全绳、接地线、安全帽、蹬高用具。此外，还要对这些防护措施进行周期性外表检查和周期性预防和测试，杜绝使用不合格品。

（12）对备用电源加强管理。企业若是单回路供电的单位，不能擅自从电网另外的电源回路上擅自装备电源或发电机。若需要，须到当地供电部门办理相关手续并得到许可，供电部门去现场检查合理后，才可以安装使用。否则，供电部门可按照有关规定对其做出处理。

（13）加强用电设备管理。企业要定期对设备进行维护和保养，在排除设备故障后方可继续使用。企业要杜绝使用国家明令淘汰的不合格电气设备，不购买、不使用无产品质量合格证、无生产许可证、不包换的电气设备。

企业注意上述问题后，用电安全状况就能得到有效的改善。但只掌握上面的用电常识还是不够的，我们还应掌握如下用电安全常识：

1. 如何预防电气火灾

我们先来看看电气火灾产生的原因。电气火灾是电流在电线中发热时间过长，特别是在异常情况下超负荷电流通过电线，导致电线外的绝缘层被烧坏引起的。手持电动工具、照明设备、小型电器等电器都可能由于电气设备选用不当或电线绝缘材料老化，形成短路，或可能由于用电量增多、线路超负荷运行致使电流突然增大引起电气火灾。

防止电气火灾的方式之一是保证电气安装质量，保证其满足防火的各种要求，不能使用老化的电线、破损的开关、灯头，用规定的连接方法将电线的接头连接好后用绝缘胶粘好，为了防止接线松动造成电线之间接触不良，应将线桩头、端子的接线用螺丝刀拧紧。

另外，还应选择合适的电气设备。如果环境潮湿多尘，应采用封闭式的电气设备；如果环境干燥少尘，采用开启式和封闭式电气设备均可；而如果是易燃易爆的危险环境，则必须采用防爆式。

最后，不能将易燃物放置在电气开关、插座或熔断器附近。易燃易爆物包括棉花、油类、木屑等。电气火灾发生之前，通常会发出烧焦皮或塑料的味道。如果我们闻到这种味道要首先将电源总闸关闭，查明原因，直到故障排除完毕。

如果发生了电气火灾，我们应尽快将电源切断，然后用专业的消防器材灭火。

2. 如何防静电

生产中的静电会对企业产生很多危害。静电一般发生在切割、挤压、感应、摩擦、搅拌、溅、喷、液体流动等作业当中。由于静电电压高，同时还容易产生电火花，因此在易燃易爆场所非常容易引发火灾或爆炸。

如何防止静电呢？企业一般采用静电电池增加空气湿度，或在物料中加入抗静电剂，或在工艺上采用导电性能较好的材料，或者通过降低流速、摩擦、惰性气体保护的方法将生产中的静电消除或减少。

3. 如何正确处理人员触电

一旦大于安全电流的电流通过人体的中枢神经系统、肺部，特别是心脏时，对人的危害非常大。正确处理人员触电的操作步骤为：

（1）若电源在附近，应立即切断电源，不能用手直接去拉伤者。

（2）若电源比较远或找不到电源，就用干燥的木棍、竹竿等将电线拨开，用干燥衣物将双手包住或戴上绝缘手套使伤者脱离带电物体。

（3）边抢救伤者边呼叫急救车。如果伤者神志清醒，心跳正常，就将其舒适平卧，以减轻心脏负担，保持空气流通，同时还要添加衣物保持其体温衡定。

（4）若伤者心跳很不规律或呼吸困难，应迅速对其进行人工呼吸或心脏按压，同时还应确认其可能出现的假死状态，没有确切的死亡证据一定不要放弃抢救。

（5）最好快速送往医院，但在前往医院的途中应继续抢救。

4. 如何防雷电

通常采用避雷针、避雷器、避雷网、避雷线等装置将雷电导入大地。不同的避雷设施防雷电的侧重点不同，保护露天变配电设备时最好采用避雷针，保护电力设备时最好采用避雷器，保护建筑物时最好采用避雷网，保护电力线路时最好采用避雷线。

5. 如何防止电磁危害

采用电磁屏蔽装置是防止电磁危害的常用方法。高频电磁屏蔽装置一般由钢、铜或铝制作而成。一般金属防护设施都能将电磁场的能量显著地消除，因此可用金属材料制成的屏蔽室或屏蔽服来消除电磁危害。此外，良好的接地装置，能使屏蔽装置的屏蔽效果显著增强。

用电是否安全直接影响生产的顺利与否，因为现代生产与电息息相关，一旦出现电力事故，势必导致生产的整体瘫痪。

思考题：

1. 你的企业发生过电力事故吗？

2. 学习了本节，你知道如何做到用电安全了吗？

二、设备安全

机器设备是企业生产活动的必备工具，是现代化生产的核心，但同时也给现场生产人员带来了许多安全隐患。

1. 设备的不安全因素和防护措施

设备的不安全因素主要指设备高速转动的工件、转动刀具等运动部分。如果设备存在缺陷、作业操作不当或没有安装防护设施，随时都有可能发生设备安全生产事故。表 8-1 详细列举了不同设备的不安全因素：

表 8-1　设备的不安全因素

设备的不安全因素	**1. 压力机械** 压力机械的施压部位是最危险的。很多压力机械都是手工操作，因此操作人员很容易疲劳和厌倦，不经意就会发生人为失误。若进料不准就会出现原料被压飞、模具产生位移，甚至双手进入危险区域等情况，这时很容易发生人员伤害事故
	2. 传动装置 机械传动装置有齿轮传动、带传动和链传动三种传动方式。传动部件不符合要求很容易对操作人员造成伤害，例如设计不合理，突出传动部分和传动部分暴露在外面，没有防护设施等情况可能将操作人员的衣服、手搅入设备中造成伤害。在链传动和皮带传动过程中，人的肢体或工具容易被带轮卷入设备。若链和带发生断裂，它们的接头容易将人体和皮带带动飞起，对设备和人员都造成很大伤害。另外，传动过程中带速过高，会引起摩擦和静电，进而产生电火花，容易引发爆炸
	3. 机床 机床在进行切削时高速旋转，会带来很大的危险。机床的钻头、车床旋转的工件卡盘等旋转部分一旦和人的衣服、围巾、手套或头发缠绕在一起，就会产生人员伤亡事故；操作不留心，机床高速旋转的铣刀很容易削去手指或手臂；若作业人员进行操作时，用力过度，使用规格不合适的工具，或操作方法不当，均可能导致作业人员撞到正在高速运转的机床上；作业人员若是站在平面磨床或牛头刨床部件的运动范围内，就可能会被正在进行机械运动的部件撞上；飞溅的钢屑、刀屑容易划伤人体或伤及双眼

设备的不安全因素	4. 起重机械
	现代生产中起重机械有着广泛的应用，起重机械在港口、铁路枢纽、建筑工地承担着设备安全和物料搬运的重要任务。起重机械的不安全因素主要包括高空重物坠落、积压、设备折断或倾翻、撞击、触电等。起重机最容易发生安全生产事故的部位是钢丝绳、制动装置、卷铜、滑轮或滑轮组等

针对设备的四种不安全因素，它们各自的防护措施是什么？

（1）压力机械的防护措施。

压力机械最好的防护措施是冲减压设备。离合器和制动器是冲减压设备最重要的部分，它们能保证压力机械在启动、停止和转动制动时的可靠性。另外，压力机械应有可靠的安全防护装置。安全防护装置能保证操作者肢体进入危险区时，压力滑块不会下滑，或离合器不会合上。

压力安全电钮、防打连车装置、双手启动装置是最常见的防护装置。

压力安全电钮的工作原理是按一次电钮，压力滑块就只进行一个动作，不会连续运转，能对作业人员的双手起到保护作用；防打连车装置可利用凸轮机对离合器进行锁定或解锁，从而防止其失灵，使用防打连车装置时，每次进行冲压操作时必须将踏板松开，才能进行接下来的进程，否则压力机不会进行任何动作；双手启动装置的作用是作业人员双手同时进行操作时才能启动，这个装置将双手从危险区域抽出来，有效防止了单手操作时，另一只手仍然在危险区域中的状况。

（2）传动装置的防护措施。

传动装置只有将所有运动部件遮蔽，才能防止作业人员身体的任何部位与装置接触。因此，可按照防护部分的大小和形状，制成与其相匹配的固定防护装置，安全带在传动部件外面，就能防止人体接触设备的转动危险部位。具体防护措施有：

①必须在裸露齿轮传动系统中加装防护罩。

②传动皮带的松紧适度，必须在其危险部位加装防护罩，最好采用立式安装。

③使用防静电的传动带，且使作业场所保持一定的湿度，并安装一个接地的金属刷将皮带的静电荷导入大地。

④距离地面不足两米的链传动，一定要加装防护罩。

⑤为了防止链条断裂时下落伤人，通道上方必须加装防护挡板。

⑥木工机械设备一定要安装制动装置、排屑装置及安全防护装置。

⑦由于木工机械会产生大量的木屑和粉尘，因此要安装防火、防爆、防止静电火花的装置。

⑧要保证刀具的完好和刀刃锋利，对钝化的刀具及时更换。为了防止在刀具和电器装拆或更换时误按电源按钮，致使电器突然旋转造成伤害，刀具和电器上要设有连锁装置。

（3）机床的防护措施。

对机床的防护，不但要求有设计合理、安装可靠的防护罩、防护挡板和防护栏等防护装置，而且还应有安全保险装置。

常用的机床安全保险装置有：超负荷保险装置、制动装置、防止错误操作装置等。此外，现场充足的照明、较低的噪声等也会对机床危险因素起到很好的防护作用。机床操作人员具体应做到以下几点：

①着装符合要求。应将敞开的衣服扣好，将袖口扎紧，若是长发，必须将其塞进帽子内。在有转动部分的机床上工作时，一定要将手套摘掉。

②工件和刀件的装卡应牢固，不能将刀头伸出去太多。

③测量工件尺寸时应将设备停下来，并将刀架移动到安全位置。

④应用钩子将切削下来的螺旋切屑、带状切屑及时清除，不能用手去拉。

⑤为了防止放在床身或变速箱上的刀具、量具、卡具滑落伤人，一定要将其放到指定的安全位置。

⑥在切削黄铜等脆性材料时，务必戴好防护眼镜，使用透明防护挡板，防止灼热切削伤及身体。

⑦操作磨床时，应注意选用合适的砂轮，并按要求安装砂轮，防止砂轮碎裂伤人。

（4）起重机械的防护措施。

案例

张某是某一黄磷厂的抓渣职工。张某抓渣完毕后，在渣地围墙边上停放抓渣机，然后给抓渣机添加润滑油。由于抓渣机停放的位置不对，停放不稳，当张某登上抓斗时，抓斗突然失去了平衡，他和抓斗同时跌入约80度的渣池内。

张某颈部以下都被烫伤，烫伤面积超过了95%。其他员工发现后立即将其送往医院救治，但抢救无效死亡。

这次事故的原因是什么？

很显然，导致这次事故的原因有两个：一个是设备的违规操作，另一个是安全防护措施不利。

抓渣机属于起重机械设备，根据《起重工安全技术操作规程》中的检修安全规定，抓斗应停放在"0"位，进行安全检查后才能对其进行维护和检修操作。在特殊场所对像抓渣机这种特种设备进行检修时，必须至少有两名人员同时对其进行操作和监护。起重机的安全防护措施主要有如下几点：

①起重作业人员必须经过培训和考核，并且持有《特种作业操作证》。

②色盲、视力在0.8以下、听力有障碍或癫痫病人不得从事起重机械驾驶工作。

③不能在起重机械作业时检查或检修运动机件，起重机械在有载荷的情况下，不能进行制动器的起升调整。

④应为起重机械配备如下安全防护装置：极限力矩限制装置、回转定位装置、夹轨钳、力矩限制器、超载限制器、锚定装置、偏斜调整和显示装置、运行极限位置限制器、上升极限位置限制器、缓冲器、下降极限位置限制器、防止吊臂后倾装置、幅度指示器。

⑤在作业前应检查制动器、吊钩、钢丝绳等的配备装置，确保其性能正常后方可进行作业。

⑥起重机械驾驶人员不能起重的物品有：超过起重装置负荷的、违章指挥物品、歪拉斜拽的物品、指挥信号模糊不清的物品、吊索和附件没有捆绑结实的物品、上面有人或浮放物品、乙炔和氧气瓶等易燃易爆危险品、没有垫好刃角的起重物。

⑦起重机的各部件或机构在进行起重作业时，应与输电线路保持一定距离。

⑧起重过程中，重物不能通过人头顶，重物下方严禁有人。

⑨自行式起重机作业前，一定要先平整好停机场，并确保支腿牢固可靠。

⑩起重机开动前应报警或鸣铃，应按指挥信号进行作业，应将所有的控制器手柄调回到零位后才能闭合主电源。

2. 遵循设备操作的规章制度

设备的安全操作规章制度规定了操作过程中设备的状态，作业人员该做的和不该做的事情。每位作业人员都遵循设备操作规章制度，就能提高生产效率，防止安全生产事故的发生。

由于不同的机械设备的安全操作内容不同，因此一线班组长应根据员工的作业情况，有针对性地组织员工进行具体机械设备的学习。下面我们一起来看通用的设备安全操作制度：

（1）在开动设备，接通电源前，应先做好现场清理工作，仔细对手柄的位置、灵活性和安全性进行检查，同时检查油池、油箱中是否有充足的油，油路是否畅通，确保万无一失后，再启动设备。

（2）设备进行变速操作时，应将手柄切换到指定的位置。

（3）为了防止卡片松动甩出，引起事故，工作时必须将卡片装牢固。

（4）已经卡紧的设备，为了防止损失设备精度，不得对其进行敲打和校正。

（5）应保持润滑工具和润滑系统的清洁，为了防止灰尘和铁屑进入，不能将油箱、油眼盖敞开。

（6）设备开动后，必须将电器箱盖好，以防止污水、油渍等进入设备内部。

（7）不能在设备基准面或滑动面上放置工具或产品，防止碰伤影响设备精度。

（8）禁止超负荷超性能使用设备。

（9）采用自动控制之前，应将限位装置调整好，以免超越行程，引发安全生产事故。

（10）作业人员在设备转动时不得离开工作岗位，应经常检查设备的各个部位是否有发热、震动等异常现象，一旦发现异常现象应立即停机，将故障排除，若作业人员不能排除故障，应及时通知维修人员进行维修。

（11）不能随意将设备上的安全防护装置拆卸，即使要对设备进行维修或调整，也应使用拆卸工具，杜绝乱调乱拆。

（12）作业人员应在停机并切断电源后，再进行装卸工件、对设备进行清洗或润滑等操作。

笔者箴言　设备安全管理是安全生产管理中又一重要组成部分，因此，管理中重视设备安全管理可以有效降低安全生产事故的发生率。

思考题：

1. 你知道机械设备有哪些不安全因素吗？
2. 如何做好各种机械设备的防护措施呢？

三、危险化学品安全

危险化学品安全是安全管理的又一重要内容，因此在生产作业中绝对不能对其掉以轻心。瓦斯爆炸等危险化学品引发的安全生产事故会给企业和个人带来惨重的损失。

案例

2004 年 11 月 28 日上午，陕西陈家山发生了特大瓦斯爆炸事故，井下 166 名作业矿工遇难。这次矿难是我国煤炭行业 44 年来最大的生产安全事故。事故发生后，矿工家属悲痛欲绝，80 多名亲属因过度悲伤而昏厥，被紧急送往医院救治。

危险化学品是指在生产、存储、运输、使用中具有易燃、易爆、腐蚀性、放射性等危险，可以导致人员伤亡、企业财产损失、环境污染的化学品。

1. 危险化学品的分类（见图 8-1）

爆炸品——爆炸品会在受到撞击、受压、受热等情况下，发生剧烈化学反应，快速产生大量热量和气体，发生爆炸，对周围环境造成破坏。常见的爆炸品有火药、黑索金、三硝基甲苯等。爆炸性和殉爆性是爆炸品的两大特性。爆炸品本身特性决定了其爆炸性，爆炸品自身敏感度决定了其爆炸的难易程度。殉爆性是指爆炸品爆炸时一定范围内的炸药或其他物品也随之发生爆炸的现象，离爆炸品距离越近，殉爆性越强。

氧化剂和有机过氧化物——易分解、具有强氧化性的物质是氧化剂。含有过氧基的无机物属于氧化剂。氧化剂不一定可燃，但它很容易导致可燃物燃烧。氧

危险化学品分类

- 爆炸品
- 氧化剂和有机过氧化物
- 毒害品
- 气体
- 放射性物品
- 易燃液体
- 易燃固体
- 腐蚀品

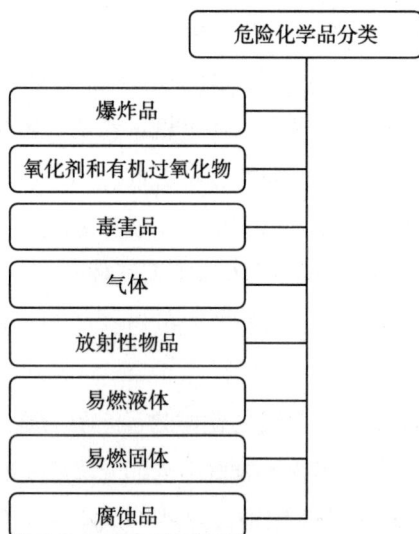

图 8-1　危险化学品分类

化剂和锂、钾、钠等碱性金属或镁、钙等碱性金属的松软粉末混合反应后会形成爆炸性物质。这些物质具有强氧化性。分子中含有过氧基的有机物是有机过氧化物，有机过氧化物很不稳定，对热、摩擦或震动非常敏感。有机过氧化物具有强氧化性，遇到酸、碱时会发生非常强烈的氧化还原反应；有机过氧化物还具有易分解性，它在光、震动、摩擦等外界条件作用下，极易释放出大量氧气，在氧气环境下引起易燃物的燃烧和爆炸。

毒害品——人服用后会与体液和组织器官发生生物化学反应和物理作用，导致人体生理机能失调，危及生命安全的物品。毒害品包括砷、硒氢等无机物，三氧化二砷、氧化硒等化合类物质，有机磷、胺、硫等化合物，以及有机金属化合物等。

毒害品有挥发性、溶解性、分散性三个特点。挥发性和其在空气中的浓度有直接关系。一般情况下，沸点越低，挥发性越大，空气中的浓度越大，越容易引起中毒。溶解性指毒害品在水中容易溶解。溶解度越大，人体就越容易吸收，越容易引起中毒，例如，氯化钡和硫酸钡，前者易溶于水，后者几乎不溶于水和脂肪，因此后者无毒，前者毒性却很大。分散性的大小取决于固体毒物颗粒的大小，颗粒越小，分散性越大。因此，悬浮在空气中的毒物小颗粒很容易被人吸入体内引起中毒。

气体——气体包括压缩气体和液化气体。通过降低温度或加压，减少气体间的分子间隔而使压入钢瓶中的气体是压缩气体。对压缩气体继续加压使其变成液态就成了液化气体。压缩气体和液化气体包括甲烷、乙炔、液化石油气、天然气等。

压缩气体和液化气体具有可压缩性和膨胀性。压缩气体和液化气体是气体的不同物理状态，一些气体在常态下压缩后会变成压缩气体，液态气体继续压缩就变成了液化气体。膨胀性是指液态气体和压缩气体在光照或加热后温度升高时，压缩体积会迅速膨胀，如果光照受热时产生的巨大压力超过了气体容器的承受范围，就会发生爆炸。

放射性物品——能够发射放射线的化学物品。钴-60、铯-137等都属于放射性物质。放射性物质能自发、连续地放射出人们觉察不到的射线，这些射线包括 α 射线、β 射线、γ 射线和中子流四种，这些射线都对人体有很大的危害。β 射线、γ 射线和中子流这三种射线在达到一定量时，人会患上放射病，严重的会导致死亡。α 射线是四种射线中危害最大的一种。我们目前不能阻止放射性物质发出射线，只能设法用一定材料将放射性物质发出的射线屏蔽或吸收。

易燃液体——指常温下存在形式为液态，极易挥发，并且燃点小于或等于61℃的液体。工业试剂中的甲醇、乙醇、汽油、乙醚、二甲苯等都属于易燃液体。易燃液体具有挥发性、流动性、受热膨胀性、毒害性、带电性等特性。

挥发性：很多易燃液体都有沸点低、燃点低、挥发性强的特点。温度越高，液体的挥发速度越快，当易燃液体的浓度达到一定极限时，遇到明火就会发生爆炸。

流动性：易燃液体一般黏性差，流动性好。生产过程中若出现跑、冒、滴、漏现象，易燃液体就会向四周流动和挥发，极易发生爆炸。

受热膨胀性：易燃液体受热后体积会迅速膨胀，部分还会挥发成气体。为了防止密闭容器中的易燃液体由于受热膨胀发生爆炸，一定要对其进行避光保存。

毒害性：很多易燃液体可对人体的内脏器官产生毒害作用。

带电性：像乙醚、汽油、酮类等很多易燃液体都是电解质。在管道、槽车、油船输送，或灌注、搅拌这些物质时，很容易由于摩擦产生静电，静电聚集到一定程度时就会产生电火花，引起爆炸。

易燃固体——对摩擦、撞击和热很敏感，燃点低，很容易在外部火源下迅速燃烧，同时会散发出有毒气体或烟雾的固体（已列入爆炸品的化学物品除外）。

红磷、三硫化磷、二硝基苯铝粉、镁粉等都属于易燃固体。

易燃固体有易燃性、热分解性、分散性。

易燃性：在常温下，易燃固体呈固态，但其受热后会溶解、蒸发、汽化，最后会氧化分解直至燃烧。可见，温度越高，易燃物品的危险性就越大。熔点低的易燃固体容易挥发和氧化，容易燃烧。燃点低的易燃固体在轻微碰撞、摩擦或很小的热源下都很容易快速燃烧起火。

热分解性：有些易燃固体受热后容易分解，或分解的同时会氧化。硝酸铵受热后，就会分解出二氧化碳、一氧化氮和氨气等气体。通常情况下，易燃固体的危险性大小是由它的热分解性大小决定的。易燃固体受热越容易分解，其发生燃烧爆炸的危险性就越大。

分散性：通常情况下，固体的表面积越大，颗粒越小，它的分散性就越强。悬浮于空气中的固体小颗粒的粒度一般都小于 0.01 毫米。物体表面积大小决定了其分散性的大小。表面积越大，分散性越好，和空气中氧的接触程度越高，越容易氧化，引起燃烧和爆炸的可能性也越大。

腐蚀品——指能对金属等物品造成损坏或会灼伤人体组织的液体或固体。甲醛溶液、二乙醇胺、福尔马林、酸性氟化钾等都属于腐蚀品。

腐蚀品具有很强的腐蚀性、氧化性，在稀释时还会放热。腐蚀性是所有腐蚀品的共性，腐蚀品的强腐蚀性会使人体、建筑物、设备、船舶、车辆等物品遭受严重破坏；氧化性是指腐蚀品在硝酸、浓硫酸、漂白粉等氧化性很强的物质及还原剂的作用下，会发生剧烈的氧化还原反应，释放出大量热量，引起燃烧；稀释放热性是指很多腐蚀品与水接触时会放出很多热量，容易引起溶液飞溅，灼伤人体。

2. 危险化学品的管理

在了解危险化学品的主要分类及其特性后，我们在危险化学品管理中，要对其使用、存储、装卸、运输进行严格的管理，这样才能减少和避免危险化学品引发的安全生产事故。

（1）危险化学品的存储。

①要有专门的存储地点，不能与其他物品混合在一起。

②应将危险化学品分堆、分类存储，存储时不宜堆放太高、太密。为了保证物品之间良好的通风，应在堆垛和墙壁之间留出一定的空隙。

③不得将遇水容易发生爆炸的危险化学品存放在容易产生积水或潮湿的地方。

④不得将遇到光照容易分解的危险化学品存放在高温或露天的地方，必要时，要对其进行隔热或避光处理。

⑤应将容易引起燃烧的物品和其他灭火方法不同的危险化学物品隔离存储。

⑥要保证容器或包装的完整性，一旦发现破损或泄漏，要及时进行相应的安全处理。

⑦应对性质不稳定、容易变质或分解、含杂质后容易燃烧或爆炸的危险化学品进行检查、化验和测温。

⑧不能在存放化学物品的库房进行试验、焊接、打包等各种可能会引起火灾的各种操作。

⑨危险化学品库房的管理人员每天都要对库房的温度、湿度进行检查和记录，若没有达到要求，就要立即采取通风或降温措施，直到达到安全标准为止。

⑩库房工作结束，并进行过防火检查后应及时切断电源，不得留有人员在库房过夜。

（2）危险化学品的装卸。

①在装卸危险化学品前，要对该化学品的性质进行充分了解，同时检查装卸工具是否完好，对发现损坏的装卸工具要及时进行修理或更换。

②搬运化学物品时，员工应根据不同的化学品性质穿戴相应的防护用具，对腐蚀品、毒害品、放射性物质尤其要留意。常见的防护用品有工作服、橡皮手套、滤毒口罩、橡皮围裙、护目镜等。搬运完毕后应将防护用具清洗干净放入专用保管箱内。

③搬运化学品时，必须轻拿轻放，防止出现摩擦和震动。发现包装破漏的危险化学品后应及时将其转移到安全地点，进行整修或重新更换包装。对撒落的危险化学品应及时进行清扫，清扫易燃易爆物前应用水将其浸湿。

④装卸毒害品时，要保持库房空气流通良好，如果出现员工恶心、头痛等现象，应尽快令其到空气新鲜处休息，将其防护用具除去，将皮肤上的毒害品清除，必要时要尽快将其送往医院救治。

⑤不得用铁轮车、没有装置控火星设备的电瓶车装卸一级易燃品和氧化剂。参与装卸作业的人员不得穿有铁钉的鞋。装卸通常应在白天进行，但要避免日晒。在雨雪天气装卸时要有防滑措施。

⑥不能同时装卸两种性能相抵触的化学物品，对受热或受潮容易发生热分解或爆炸的物品要采取防潮或隔热措施。

⑦装卸放射性物质时，应尽量减少物体包装和人体的接触。装卸完毕后应淋浴并用肥皂清洗，之后方可饮水进食。

（3）危险化学品的运输。

①运输危险化学品前必须到指定的交通、航运部门办理相关证明或手续。

②装卸危险品前要对运输工具进行清扫和通风，装载完有毒品的车船要进行彻底清洗。

③必须使用符合要求的运输工具装运不同性质的危险化学品，例如，强氧化性和易爆物体不能用铁底板车或汽车挂车运输。

④运输易爆、剧毒或放射性化学品时应至少指派两名押运人员。

⑤装载易燃易爆物品的装载车排气管应安装阻火器，同时在车上悬挂"危险品"标志。

3. 危险化学品安全生产事故预防和急救

（1）危险化学品生产事故的预防。

我们可以采取下面的措施进行危险化学品事故的预防：

①为了避免作业人员直接暴露于危险化学物品前，可以采取隔离措施，对生产设备设置屏障或将其封闭起来。

②采用新工艺或新原料也可以降低或消除危险化学品的危害。

③用无毒、不易燃烧的物品代替有毒、易燃的危险化学品。

④局部通风或全面通风两种措施可降低有害气体的浓度。

⑤保持作业场所清洁，搞好作业员工个人卫生，阻止有害气体对人体的伤害。

⑥穿戴防护用具阻止有害气体进入人体，如图 8-2 所示。

图 8-2　使用防护面罩

（2）危险化学品泄漏事故的急救。

危险化学品泄漏引起的安全生产事故往往扩散迅速，涉及面广，常常会造成很严重的经济损失和人员伤亡。

案例

据权威机构调查，1953 年至 1992 年期间，全世界发生了数千起一次损失超过 1 亿美元的危险品泄漏事故。2003 年 12 月 23 日，我国重庆开县发生的天然气井喷事故，造成了 234 人中毒伤亡，直接经济损失 6400 万元。

面对危险化学品泄漏事故，很多人会惊慌失措，如果处理不当，会使事故更加严重。下面是化学品事故急救处理措施。

①做好防护措施。其实平时在化学品现场作业时就应养成穿戴防护用具的习惯。在现场发生危险化学品泄漏时若没有佩戴防护用具，不要惊慌，立即将手边的防护用具戴上。若现场没有防护用具，应将身边可以利用的衣物、毛巾、口罩等用水浸湿，捂在鼻子和嘴上，防止有毒气体进入体内。

②听从指挥，迅速撤离现场。发生事故时应听从救援人员的指挥，朝事故源的相反方向撤离。

③杜绝所有火源。在没有确定泄漏物是否是易燃易爆物品时，事故现场禁止使用任何容易产生火花的工具，禁止将电器的开关打开或关闭，禁止使用手机求救。若泄漏化学品已经失火，要对其特殊危险性了解后再有针对性地进行灭火。

④脱离事故现场后，要尽快进行全身清洗。将被有害化学品污染的衣物脱去。

⑤在医务人员到来之前要进行自救。在等待医护人员时，应将伤员移到空气新鲜处，避免进行剧烈运动。

⑥注意周围水源安全。不能随意动用事故周围可能被有害品污染的水源或食品，经检验确认无害后才能使用。

笔者箴言 对于从事化学品生产或者存在化学品使用的企业，管理者既要强化自身的安全意识，更要时刻提醒工作人员谨记安全意识。

思考题：

1. 学习了本节，你知道如何做好危险化学品的安全管理了吗？

2. 发生危险化学品泄漏事故，应如何进行急救？

四、按要求穿戴劳动防护用品

劳动防护用品是个人在生产过重中为了减轻或避免事故伤害而随身穿戴的用品，它是保证生产过程中人身安全所必备的一种个人防护装备。劳动防护用品除个人穿戴的防护用品之外，还有安全网、警告信号等半固定或半移动的公用性防护用品，我们主要讲的是个人防护用品。

劳动防护用品可利用隔阻、封闭、分散、吸收、悬浮等手段，通过一定屏蔽体、过滤体等工具保护人体机能在生产过程中不受伤害。在预防职业性有害因素中，劳动防护用品虽只属于第一级防护用品，但在机械设备高度完善的条件下，劳动防护用品依然是必备的预防措施。

1. 劳动防护用品的种类（见表8-2）

表8-2　劳动防护用品的种类

劳动防护用品种类	1. 头部防护用品 头部防护用品的作用是预防头部受到外来物体撞击或受到其他危险因素的伤害。根据防护功能要求，常见的头部防护用品主要有防尘器、工作帽、安全帽、防水帽、防寒帽、防静电帽、防辐射帽等
	2. 眼部防护用品 眼部防护用品的作用是防止尘粒、烟雾、电磁辐射、激光、化学飞溅物等对眼睛或面部造成伤害。眼部防护用品根据防护功能分为防水用品、防高温用品、防电磁辐射用品、防风沙用品、防强光用品、防射线用品等 最常见的有防冲击护具、炉窑面罩和护目镜、焊接面罩和护目镜三种 防冲击护具是为了防止碎石、灰沙、铁屑等物质对眼睛的冲击。防冲击护具包括防护眼镜、眼罩和面罩。防冲击眼镜有普通眼镜和带侧面护罩的眼镜，眼罩和面罩有敞开式面罩和密闭式面罩两种 炉窑面罩和护目镜的作用是为了预防窑口、炉口辐射出的紫外线、红外线和少量可见光对人双眼的危害 焊接护目镜和面罩是为了防止金属火花烟尘、非电离辐射等对人的危害。常见焊接面罩有手持面罩、头戴式面罩、安全帽面罩等。焊接护目镜有普通眼镜、防侧光镜和前挂镜

劳动防护用品种类	3. 呼吸防护用品 呼吸防护用品的作用是防止有害气体、粉尘、烟、雾等对人体造成的伤害，直接为配用者提供氧气或新鲜空气，保证作业人员在缺氧环境下保持正常呼吸。呼吸防护用品按形式不同分为过滤式和隔离式两种，按功能不同可分为防毒面具和防尘口罩
	4. 听觉防护用品 听觉防护用品的作用是防止噪声侵入耳道，避免耳朵遭受刺激引起损伤。常见听觉防护用品有防噪声头盔、耳塞、耳罩三种
	5. 手部防护用品 手部防护用品的作用是防止劳动过程对手和手臂的伤害。按照功能不同可将手部防护用品分为普通防护手套、防寒手套、防静电手套、绝缘手套、防高温手套、防酸碱手套等
	6. 躯干防护用品 躯干防护用品即防护服。根据功能不同防护服可分为：防水服、防寒服、防毒服、防辐射服、水上救生衣、阻燃服、耐酸碱服等
	7. 足部防护服 足部防护服即防护鞋，它的作用是防止生产过程对劳动者足部的伤害。按功能不同防护服可分为防水鞋、防静电鞋、防震鞋等
	8. 护肤用品 护肤用品的作用是防止脸部、双手等部位受物理或化学因素的危害。护肤用品按功能不同可分为防射线用品、防毒用品、防油漆用品等
	9. 防坠落用品 防坠落用品是通过绳带将高处作业人员的身体系在固定物体上，或在作业区域下放张网，防止作业人员坠落。防坠落物品有安全带和安全网两种

2. 使用劳动防护用品的注意事项

劳动防护用品是劳动保护的措施之一，但其只是作为辅助措施并不能起到决定性的作用。因此企业不能由于使用了劳动用品防护而忽略了改善劳动条件，要采取有效的安全和卫生措施进行安全防护。

安全防护用品的防护作用是有限的，它只能起到保护人体的作用。因此，当生产过程中的伤害超过允许的范围时，防护用品就爱莫能助了。因此，要将个人防护用品和安全防御设备配合使用，从而更好地避免和减少危险。

防护用品的使用与员工的生命安全息息相关。在使用防护用品时，要注意以下事项：

（1）劳动防护用品应安全可靠、经济实用、穿戴舒适且便于操作。在满足防护功能的条件下，设计尽量美观大方。

（2）根据可能接触的危险作业的类别和可能造成的伤害，作业人员必须按规定正确选用防护用品，应该佩戴的一定要佩戴，不该佩戴的坚决不能佩戴，否则保护用品不但不能起到应有的保护作用，反倒会造成不必要的伤害。

（3）使用前要对防护用品保护功能的技术指标和有效使用期核实确定，一旦出现不合格或产品过期的情况，就要及时更换，否则会起不到真正的保护作用。

（4）使用安全帽时，要将帽内缓冲垫带子系紧，不能将安全帽带在脑后。为了安全帽不变形，不能把安全帽当坐垫使用。若安全帽出现下凹、裂痕或磨损等现象要及时进行更换。

（5）使用防护手套时应注意：厚帆布手套一般在高温、炼钢、浇注、铸造、热处理、开箱清沙等作业中使用；起重机司机、配电工等一般使用薄纱布、纱棉分指手套；焊接工程一般使用翻毛皮手套；防酸、防腐蚀性的工作一般使用乳胶手套；电气、铸造工种一般使用橡胶或涂橡胶手套。戴手套时，为了防止火星等有害物质飞溅到袖内，不能将手腕裸露在外面，操作各种机床时禁止戴手套。

（6）使用防护服时应注意：由于白帆布防护服具有耐火的特点，因此常常在进行炼钢等高温作业时使用；劳动布防护服对人体的保护性一般，因此常常在非高温、重体力、检修、超重机、电气作业中使用；而职能人员或后勤人员一般穿涤卡布防护服；毛、丝合成纤维工作服一般在耐酸环境下使用。

（7）使用防护鞋时应注意：橡胶鞋一般用于防酸、防腐蚀性的作业；绝缘鞋由于具有绝缘保护作用，一般用于电气作业；护指安全鞋能防止脚趾在物件掉落时受伤，因此常常用于炼钢、铸造等作业；防滑鞋常常用于油库等作业。

（8）安全带是高处作业时防止掉落的防护用品，使用时应注意：作业在高于基准面两米以上时必须系安全带；安全带应系在腰部，挂钩要牢固地挂在作业人员的中上部位置，以防下落的冲力太大使人受伤；要经常对安全带缝制部位和挂钩部位进行检查，发现破损应立即修理或更换。

（9）使用护目镜和面罩时应注意：防打击护目镜通常用于机床操作、铸造等作业，它能防止钢液、金属、砂屑等飞溅物伤害眼睛；防辐射护目镜主要用于浇注、焊割、炼钢等作业，它常常和安全帽连接在一起，能防止红外线、紫外线及刺眼的可见光对眼睛的伤害；防辐射面罩常常用于焊接作业，是为了防止焊接作业时产生的紫外线、强光或金属屑飞溅对面部产生伤害。在日常作业中，如发现镜片磨损或破裂、镜架损坏，要及时进行修理或更换。

（10）使用防护口罩和防护面具时应注意：使用前要对护具各部位的完整性进行检查，按照正确方法佩戴，防护面具或口罩适合在扬尘场所佩戴。

> **笔者箴言** 防护用品是保护生产者安全的必要工作用具，工作人员只有正确使用对应的防护用品，才能有效保护自己。

思考题：

1. 你知道劳动防护品应该分为哪几类吗？
2. 使用劳动防护品时应该注意哪些问题呢？

五、生产安全相关法律知识浅析

企业在安全生产管理活动中，需要掌握必要的安全生产相关法律法规。为了确保生产安全，我国颁布了各种相关法律条例，对生产企业的安全生产做出了一系列相关规定，如《中华人民共和国安全生产法》、《危险化学品管理条例》、《中华人民共和国职业病防治法》等。这些法律条例对企业安全生产制定了规范，对加强企业安全管理有着重要的意义。

1.《中华人民共和国安全生产法》相关知识浅析

《中华人民共和国安全生产法》（以下简称《安全生产法》）是我国第一部关于安全生产的专门法律。《安全生产法》的宗旨是加强安全生产监督管理，防止和减少生产事故，保障人民群众生命和财产安全，促进经济发展。

《安全生产法》的主要内容包括：生产经营单位的安全生产保障、从业人员的权利和义务、安全生产的监督管理、生产安全事故的应急救援与调查处理等。

为了保证生产经营的安全进行，《安全生产法》要求生产单位必须掌握必要的安全知识并具备相应的管理能力。如《安全生产法》第 20 条规定：生产经营单位的主要负责人和安全生产管理人员必须具备与本单位所从事的生产经营活动相应的安全生产知识和管理能力。

在生产过程中，设备是员工最亲密的伙伴，设备的安全性关系到了职工的安全，为了保证职工的安全，《安全生产法》对企业的设备安全做出了相关的规定。如《安全生产法》第 22 条规定：生产经营单位采用新工艺、新技术、新材料或者使用新设备，必须了解、掌握其安全技术特性，采取有效的安全防护措施，并对从业人员进行专门的安全生产教育和培训。第29条规定：安全设备的设计、制造、安装、使用、检测、维修、改造和报废，应当符合国家标准或者行业标准。

天有不测风云，即使企业主管人员和职工对安全作了详尽的防范，也不能保证安全生产事故绝对不发生，著名的杜邦公司也只能保证安全生产事故发生率降低为0.03%，因此当安全生产事故发生后生产经营单位还要妥善处理安全生产事故，尽最大努力将事故的损失降为最低。据此，《安全生产法》第70条规定：生产经营单位发生安全生产事故后，事故现场有关人员应当立即报告本单位负责人。单位负责人接到事故报告后，应当迅速采取有效措施，组织抢救，防止事故扩大，减少人员伤亡和财产损失，并按照国家有关规定立即如实报告当地负有安全生产监督管理职责的部门，不得隐瞒不报、谎报或者拖延不报，不得故意破坏事故现场、毁灭有关证据。

日常生产活动中，从业人员对安全生产有自己的权利，《安全生产法》对从业人员的这些权利进行了明文规定，如关于从业人员的知情权，《安全生产法》第45条规定：生产经营单位的从业人员有权了解其作业场所和工作岗位存在的危险因素、防范措施及事故应急措施，有权对本单位的安全生产工作提出建议。关于从业人员拒绝权，《安全生产法》第47条规定：从业人员发现直接危及人身安全的紧急情况时，有权停止作业或者在采取可能的应急措施后撤离作业场所。生产经营单位不得因从业人员在前款紧急情况下停止作业或者采取紧急撤离措施而降低其工资、福利等待遇或者解除与其订立的劳动合同。

义务与权利是相对的，《安全生产法》对从业人员的权利做出了规定，同时也对安全义务做出了相关规定。如关于从业人员按章操作的义务，《安全生产法》第49条规定：从业人员在作业过程中，应当严格遵守本单位的安全生产规章制度和操作规程，服从管理，正确佩戴和使用劳动防护用品。

关于重大危险源的管理，《安全生产法》也做出了相应规定。如《安全生产法》第33条规定：生产经营单位对重大危险源应当登记建档，进行定期检测、评估、监控，并制定应急预案，告知从业人员和相关人员在紧急情况下应当采取的应急措施。生产经营单位应当按照国家有关规定将本单位重大危险源及有关安全措施、应急措施报有关地方人民政府负责安全生产监督管理的部门和有关部门备案。

《安全生产法》是企业进行安全生产管理的必备工具，掌握《安全生产法》的相关规定，对做好安全管理起着非常重要的作用。

2.《危险化学品管理条例》相关知识浅析

2002 年 1 月，国务院第 52 次常务会议通过了关于《化学危险物品安全管理条例》的修订，并更名为《危险化学品安全管理条例》，此条例自 2002 年 3 月 15 日起开始施行。此条例的目的在于加强对危险化学品的安全管理，保障人民生命、财产安全。

《危险化学品安全管理条例》的主要内容包括：危险化学品的生产、储存和使用；危险化学品的经营；危险化学品的运输；危险化学品的登记与事故应急救援等。

关于企业生产、储存危险化学品的条件，此条例做出了相应的规定。《危险化学品安全管理条例》第 8 条规定：危险化学品生产、储存企业，必须具备下列条件：

（1）有符合国家标准的生产工艺、设备或者储存方式、设施；

（2）工厂、仓库的周边防护距离符合国家标准或者国家有关规定；

（3）有符合生产或者储存需要的管理人员和技术人员；

（4）有健全的安全管理制度；

（5）符合法律、法规规定和国家标准要求的其他条件。

很多企业危险化学品事故是由于存储不当造成，为此，我国《危险化学品安全管理条例》对危险化学品的存放做出了相关规定。如第 22 条规定：危险化学品必须储存在专用仓库、专用场地或者专用储存室内，储存方式、方法与储存数量必须符合国家标准，并由专人管理。危险化学品出入库，必须进行核查登记。库存危险化学品应当定期检查。剧毒化学品以及储存数量构成重大危险源的其他危险化学品必须在专用仓库内单独存放，实行双人收发、双人保管制度。储存单位应当将储存剧毒化学品以及构成重大危险源的其他危险化学品的数量、地点以及管理人员的情况，报当地公安部门和负责危险化学品安全监督管理综合工作的部门备案。第 23 条规定：危险化学品专用仓库，应当符合国家标准对安全、消防的要求，设置明显标志。危险化学品专用仓库的储存设备和安全设施应当定期检测。

此条例对危险化学品的管理做出了明确规定，严格执行此条例，生产企业可实现对危险化学品的有效管理，从而减少危险化学品事故。

3.《中华人民共和国职业病防治法》相关知识浅析

《中华人民共和国职业病防治法》（以下简称《职业病防治法》）是我国一部专门规范职业病的法律，它做出了防治职业病的基本方针和基本原则。它的目的是预防、控制和消除职业病危害，保护劳动人员健康及其相关权益，以促进经济快速发展。

此法的主要内容包括职业病的前期预防；劳动过程中的防护与管理；职业病诊断与职业病病人保障；职业病监督检查等。

为了做好职业病的预防工作，避免企业出现职业病先危害后治理的情况，《职业病防治法》对职业病的前期预防做出了相关规定，如关于工作场所职业卫生要求，《职业病防治法》第 13 条规定：产生职业病危害的用人单位的设立除应当符合法律、行政法规规定的设立条件外，其工作场所还应当符合下列职业卫生要求：

（1）职业病危害因素的强度或者浓度符合国家职业卫生标准；

（2）有与职业病危害防护相适应的设施；

（3）生产布局合理，符合有害与无害作业分开的原则；

（4）有配套的更衣间、洗浴间、孕妇休息间等卫生设施；

（5）设备、工具、用具等设施符合保护劳动者生理、心理健康的要求；

（6）法律、行政法规和国务院卫生行政部门关于保护劳动者健康的其他要求。

对于已经产生职业病危害的企业，应该做好职业病的防治与管理工作。我国法规对此也做出了相关规定，如《职业病防治法》第 22 条规定：产生职业病危害的用人单位，应当在醒目位置设置公告栏，公布有关职业病防治的规章制度、操作规程、职业病危害事故应急救援措施和工作场所职业病危害因素检测结果。对产生严重职业病危害的作业岗位，应当在其醒目位置设置警示标识和中文警示说明。警示说明应当载明产生职业病危害的种类、后果、预防以及应急救治措施等内容。

目前，很多企业忽视员工的职业健康，更不会对员工进行职业健康检查，针对这一现象，我国《职业病防治法》也做出了相关规定，如《职业病防治法》第 32 条规定：对从事接触职业病危害的作业的劳动者，用人单位应当按照国务院卫生行政部门的规定组织上岗前、在岗期间和离岗时的职业健康检查，并将检查结果如实告知劳动者。职业健康检查费用由用人单位承担。用人单位不得安排未经上岗前职业健康检查的劳动者从事接触职业病危害的作业；不得安排有职业禁忌的劳动者从事其所禁忌的作业；对在职业健康检查中发现有与所从事的职业相关的健康损害的劳动者，应当调离原工作岗位，并妥善安置；对未进行离岗前职业健康检查的劳动者不得解除或者终止与其订立的劳动合同。

《职业病防治法》不仅有力地保护了劳动人员的职业健康和权益，也对企业防治职业病做出了规范，对企业安全管理起到了重要的作用。

企业在进行安全生产管理的过程中，除了需要掌握各种安全生产操作常识外，对安全管理的相关法律法规也不能忽视，只有将具体的安全管理措施与相关法律法规相结合，才能更有效地做好安全生产管理工作。

关于生产安全管理的相关法律、法规的具体细则请参考本书附录一。

笔者箴言 ▷ 为了规范安全生产，国家颁布了相应的法律条例。因此，管理者在落实安全管理时，务必运用相应的安全法规，从而规范企业的安全生产。

篇后小结

第七章	海因里希事故法则	发生事故并不可怕，可怕的是引发事故的连锁反应被我们忽视；海因里希事故法则就是这样产生的，所以我们在安全管理中一定不要放过任何细枝末节
	安全生产确认制	严格把关是预防事故发生的有效措施，每道工序只有经过相关责任人确认才能进行下一道工序，才能将安全管理执行到位
	进行安全生产检查	检查工作是安全生产管理的重要组成部分，否则，生产中一旦出现问题就会不断放大事故的发生率
	制定安全应急预案	应急预案的出台是为了提高安全事故发生后的控制能力；因为事先制定了解决方案，所以可以有效控制安全事故所造成的不良影响
	调查和分析安全生产事故	调查是为了对安全事故进行有效取证，否则一旦忽视调查时机，引发安全事故的要因也会随之被淡忘；在获得第一手安全事故资料后，相关负责人就要组织安全管理人员进行科学有效的分析，从而找到引发安全事故的诱因，并给出相应的改善措施
	安全生产事故现场急救措施	安全事故无时无刻不在我们身边隐藏，所以掌握一定的现场急救措施有百利无一害
第八章	用电安全	电力事故也是企业安全事故中最常见的类型，由于现在的生产离不开电，所以有效防范电力安全事故也是管理者的重要工作内容之一
	设备安全	在市场经济的浪潮中，产品更新换代的时间越来越短，而设备的更替也随之水涨船高，为了适应新产品的生产，设备也在不停地更换；因此，设备的安全管理问题也逐渐成为安全管理工作的重要内容
	危险化学品安全	因危险化学品管理不当而导致的安全事故比比皆是，所以如何有效防范这类安全事故的发生就成为管理者及一线员工不可忽视的重点工作

| 第八章 | 按要求穿戴劳动防护用品 | 穿戴劳动防护用品是落实安全管理的基本举措之一；因为在特定的工作环境中，势必存在很多安全隐患，而穿戴相应的防护用品可有效保护自身的安全 |
| | 生产安全相关法律知识浅析 | 法律、法规是国家为了确保各行业都能正常有序进行安全生产而制定的，所以我们在进行工作的时候，务必遵循行业的法规及条例 |

附录一　安全生产相关法律法规选摘

一、《中华人民共和国安全生产法》选摘

第二章　生产经营单位的安全生产保障

第十六条　生产经营单位应当具备本法和有关法律、行政法规和国家标准或者行业标准规定的安全生产条件；不具备安全生产条件的，不得从事生产经营活动。

第十七条　生产经营单位的主要负责人对本单位安全生产工作负有下列职责：

（一）建立、健全本单位安全生产责任制；

（二）组织制定本单位安全生产规章制度和操作规程；

（三）保证本单位安全生产投入的有效实施；

（四）督促、检查本单位的安全生产工作，及时消除生产安全事故隐患；

（五）组织制定并实施本单位的生产安全事故应急救援预案；

（六）及时、如实报告生产安全事故。

第十八条　生产经营单位应当具备的安全生产条件所必需的资金投入，由生产经营单位的决策机构、主要负责人或者个人经营的投资人予以保证，并对由于安全生产所必需的资金投入不足导致的后果承担责任。

第十九条　矿山、建筑施工单位和危险物品的生产、经营、储存单位，应当设置安全生产管理机构或者配备专职安全生产管理人员。

前款规定以外的其他生产经营单位，从业人员超过三百人的，应当设置安全

生产管理机构或者配备专职安全生产管理人员；从业人员在三百人以下的，应当配备专职或者兼职的安全生产管理人员，或者委托具有国家规定的相关专业技术资格的工程技术人员提供安全生产管理服务。

生产经营单位依照前款规定委托工程技术人员提供安全生产管理服务的，保证安全生产的责任仍由本单位负责。

第二十条 生产经营单位的主要负责人和安全生产管理人员必须具备与本单位所从事的生产经营活动相应的安全生产知识和管理能力。

危险物品的生产、经营、储存单位以及矿山、建筑施工单位的主要负责人和安全生产管理人员，应当由有关主管部门对其安全生产知识和管理能力考核合格后方可任职。考核不得收费。

第二十一条 生产经营单位应当对从业人员进行安全生产教育和培训，保证从业人员具备必要的安全生产知识，熟悉有关的安全生产规章制度和安全操作规程，掌握本岗位的安全操作技能。未经安全生产教育和培训合格的从业人员，不得上岗作业。

第二十二条 生产经营单位采用新工艺、新技术、新材料或者使用新设备，必须了解、掌握其安全技术特性，采取有效的安全防护措施，并对从业人员进行专门的安全生产教育和培训。

第二十三条 生产经营单位的特种作业人员必须按照国家有关规定经专门的安全作业培训，取得特种作业操作资格证书，方可上岗作业。

特种作业人员的范围由国务院负责安全生产监督管理的部门会同国务院有关部门确定。

第二十四条 生产经营单位新建、改建、扩建工程项目（以下统称建设项目）的安全设施，必须与主体工程同时设计、同时施工、同时投入生产和使用。安全设施投资应当纳入建设项目概算。

第二十五条 矿山建设项目和用于生产、储存危险物品的建设项目，应当分别按照国家有关规定进行安全条件论证和安全评价。

第二十六条 建设项目安全设施的设计人、设计单位应当对安全设施设计负责。

矿山建设项目和用于生产、储存危险物品的建设项目的安全设施设计应当按照国家有关规定报经有关部门审查，审查部门及其负责审查的人员对审查结果负责。

第二十七条　矿山建设项目和用于生产、储存危险物品的建设项目的施工单位必须按照批准的安全设施设计施工，并对安全设施的工程质量负责。

矿山建设项目和用于生产、储存危险物品的建设项目竣工投入生产或者使用前，必须依照有关法律、行政法规的规定对安全设施进行验收；验收合格后，方可投入生产和使用。验收部门及其验收人员对验收结果负责。

第二十八条　生产经营单位应当在有较大危险因素的生产经营场所和有关设施、设备上，设置明显的安全警示标志。

第二十九条　安全设备的设计、制造、安装、使用、检测、维修、改造和报废，应当符合国家标准或者行业标准。

生产经营单位必须对安全设备进行经常性维护、保养，并定期检测，保证正常运转。维护、保养、检测应当做好记录，并由有关人员签字。

第三十条　生产经营单位使用的涉及生命安全、危险性较大的特种设备，以及危险物品的容器、运输工具，必须按照国家有关规定，由专业生产单位生产，并经取得专业资质的检测、检验机构检测、检验合格，取得安全使用证或者安全标志，方可投入使用。检测、检验机构对检测、检验结果负责。

涉及生命安全、危险性较大的特种设备的目录由国务院负责特种设备安全监督管理的部门制定，报国务院批准后执行。

第三十一条　国家对严重危及生产安全的工艺、设备实行淘汰制度。

生产经营单位不得使用国家明令淘汰、禁止使用的危及生产安全的工艺、设备。

第三十二条　生产、经营、运输、储存、使用危险物品或者处置废弃危险物品的，由有关主管部门依照有关法律、法规的规定和国家标准或者行业标准审批并实施监督管理。

生产经营单位生产、经营、运输、储存、使用危险物品或者处置废弃危险物品，必须执行有关法律、法规和国家标准或者行业标准，建立专门的安全管理制度，采取可靠的安全措施，接受有关主管部门依法实施的监督管理。

第三十三条　生产经营单位对重大危险源应当登记建档，进行定期检测、评估、监控，并制定应急预案，告知从业人员和相关人员在紧急情况下应当采取的应急措施。

生产经营单位应当按照国家有关规定将本单位重大危险源及有关安全措施、应急措施报有关地方人民政府负责安全生产监督管理的部门和有关部门备案。

第三十四条 生产、经营、储存、使用危险物品的车间、商店、仓库不得与员工宿舍在同一座建筑物内，并应当与员工宿舍保持安全距离。

生产经营场所和员工宿舍应当设有符合紧急疏散要求、标志明显、保持畅通的出口。禁止封闭、堵塞生产经营场所或者员工宿舍的出口。

第三十五条 生产经营单位进行爆破、吊装等危险作业，应当安排专门人员进行现场安全管理，确保操作规程的遵守和安全措施的落实。

第三十六条 生产经营单位应当教育和督促从业人员严格执行本单位的安全生产规章制度和安全操作规程；并向从业人员如实告知作业场所和工作岗位存在的危险因素、防范措施以及事故应急措施。

第三十七条 生产经营单位必须为从业人员提供符合国家标准或者行业标准的劳动防护用品，并监督、教育从业人员按照使用规则佩戴、使用。

第三十八条 生产经营单位的安全生产管理人员应当根据本单位的生产经营特点，对安全生产状况进行经常性检查；对检查中发现的安全问题，应当立即处理；不能处理的，应当及时报告本单位有关负责人。检查及处理情况应当记录在案。

第三十九条 生产经营单位应当安排用于配备劳动防护用品、进行安全生产培训的经费。

第四十条 两个以上生产经营单位在同一作业区域内进行生产经营活动，可能危及对方生产安全的，应当签订安全生产管理协议，明确各自的安全生产管理职责和应当采取的安全措施，并指定专职安全生产管理人员进行安全检查与协调。

第四十一条 生产经营单位不得将生产经营项目、场所、设备发包或者出租给不具备安全生产条件或者相应资质的单位或者个人。

生产经营项目、场所有多个承包单位、承租单位的，生产经营单位应当与承包单位、承租单位签订专门的安全生产管理协议，或者在承包合同、租赁合同中约定各自的安全生产管理职责；生产经营单位对承包单位、承租单位的安全生产工作统一协调、管理。

第四十二条 生产经营单位发生重大生产安全事故时，单位的主要负责人应当立即组织抢救，并不得在事故调查处理期间擅离职守。

第四十三条 生产经营单位必须依法参加工伤社会保险，为从业人员缴纳保险费。

第三章 从业人员的权利和义务

第四十四条 生产经营单位与从业人员订立的劳动合同，应当载明有关保障从业人员劳动安全、防止职业危害的事项，以及依法为从业人员办理工伤社会保险的事项。

生产经营单位不得以任何形式与从业人员订立协议，免除或者减轻其对从业人员因生产安全事故伤亡依法应承担的责任。

第四十五条 生产经营单位的从业人员有权了解其作业场所和工作岗位存在的危险因素、防范措施及事故应急措施，有权对本单位的安全生产工作提出建议。

第四十六条 从业人员有权对本单位安全生产工作中存在的问题提出批评、检举、控告；有权拒绝违章指挥和强令冒险作业。

生产经营单位不得因从业人员对本单位安全生产工作提出批评、检举、控告或者拒绝违章指挥、强令冒险作业而降低其工资、福利等待遇或者解除与其订立的劳动合同。

第四十七条 从业人员发现直接危及人身安全的紧急情况时，有权停止作业或者在采取可能的应急措施后撤离作业场所。

生产经营单位不得因从业人员在前款紧急情况下停止作业或者采取紧急撤离措施而降低其工资、福利等待遇或者解除与其订立的劳动合同。

第四十八条 因生产安全事故受到损害的从业人员，除依法享有工伤社会保险外，依照有关民事法律尚有获得赔偿的权利的，有权向本单位提出赔偿要求。

第四十九条 从业人员在作业过程中，应当严格遵守本单位的安全生产规章制度和操作规程，服从管理，正确佩戴和使用劳动防护用品。

第五十条 从业人员应当接受安全生产教育和培训，掌握本职工作所需的安全生产知识，提高安全生产技能，增强事故预防和应急处理能力。

第五十一条 从业人员发现事故隐患或者其他不安全因素，应当立即向现场安全生产管理人员或者本单位负责人报告；接到报告的人员应当及时予以处理。

第五十二条 工会有权对建设项目的安全设施与主体工程同时设计、同时施工、同时投入生产和使用进行监督，提出意见。

工会对生产经营单位违反安全生产法律、法规，侵犯从业人员合法权益的行为，有权要求纠正；发现生产经营单位违章指挥、强令冒险作业或者发现事故隐患时，有权提出解决的建议，生产经营单位应当及时研究答复；发现危及从业人员生命安全的情况时，有权向生产经营单位建议组织从业人员撤离危险场所，生产经营单位必须立即作出处理。

工会有权依法参加事故调查，向有关部门提出处理意见，并要求追究有关人员的责任。

第四章　安全生产的监督管理

第五十三条　县级以上地方各级人民政府应当根据本行政区域内的安全生产状况，组织有关部门按照职责分工，对本行政区域内容易发生重大生产安全事故的生产经营单位进行严格检查；发现事故隐患，应当及时处理。

第五十四条　依照本法第九条规定对安全生产负有监督管理职责的部门（以下统称负有安全生产监督管理职责的部门）依照有关法律、法规的规定，对涉及安全生产的事项需要审查批准（包括批准、核准、许可、注册、认证、颁发证照等，下同）或者验收的，必须严格依照有关法律、法规和国家标准或者行业标准规定的安全生产条件和程序进行审查；不符合有关法律、法规和国家标准或者行业标准规定的安全生产条件的，不得批准或者验收通过。对未依法取得批准或者验收合格的单位擅自从事有关活动的，负责行政审批的部门发现或者接到举报后应当立即予以取缔，并依法予以处理。对已经依法取得批准的单位，负责行政审批的部门发现其不再具备安全生产条件的，应当撤销原批准。

第五十五条　负有安全生产监督管理职责的部门对涉及安全生产的事项进行审查、验收，不得收取费用；不得要求接受审查、验收的单位购买其指定品牌或者指定生产、销售单位的安全设备、器材或者其他产品。

第五十六条　负有安全生产监督管理职责的部门依法对生产经营单位执行有关安全生产的法律、法规和国家标准或者行业标准的情况进行监督检查，行使以下职权：

（一）进入生产经营单位进行检查，调阅有关资料，向有关单位和人员了解情况。

（二）对检查中发现的安全生产违法行为，当场予以纠正或者要求限期改正；

对依法应当给予行政处罚的行为，依照本法和其他有关法律、行政法规的规定作出行政处罚决定。

（三）对检查中发现的事故隐患，应当责令立即排除；重大事故隐患排除前或者排除过程中无法保证安全的，应当责令从危险区域内撤出作业人员，责令暂时停产停业或者停止使用；重大事故隐患排除后，经审查同意，方可恢复生产经营和使用。

（四）对有根据认为不符合保障安全生产的国家标准或者行业标准的设施、设备、器材予以查封或者扣押，并应当在十五日内依法作出处理决定。

监督检查不得影响被检查单位的正常生产经营活动。

第五十七条　生产经营单位对负有安全生产监督管理职责的部门的监督检查人员（以下统称安全生产监督检查人员）依法履行监督检查职责，应当予以配合，不得拒绝、阻挠。

第五十八条　安全生产监督检查人员应当忠于职守，坚持原则，秉公执法。

安全生产监督检查人员执行监督检查任务时，必须出示有效的监督执法证件；对涉及被检查单位的技术秘密和业务秘密，应当为其保密。

第五十九条　安全生产监督检查人员应当将检查的时间、地点、内容、发现的问题及其处理情况，作出书面记录，并由检查人员和被检查单位的负责人签字；被检查单位的负责人拒绝签字的，检查人员应当将情况记录在案，并向负有安全生产监督管理职责的部门报告。

第六十条　负有安全生产监督管理职责的部门在监督检查中，应当互相配合，实行联合检查；确需分别进行检查的，应当互通情况，发现存在的安全问题应当由其他有关部门进行处理的，应当及时移送其他有关部门并形成记录备查，接受移送的部门应当及时进行处理。

第六十一条　监察机关依照行政监察法的规定，对负有安全生产监督管理职责的部门及其工作人员履行安全生产监督管理职责实施监察。

第六十二条　承担安全评价、认证、检测、检验的机构应当具备国家规定的资质条件，并对其作出的安全评价、认证、检测、检验的结果负责。

第六十三条　负有安全生产监督管理职责的部门应当建立举报制度，公开举报电话、信箱或者电子邮件地址，受理有关安全生产的举报；受理的举报事项经调查核实后，应当形成书面材料；需要落实整改措施的，报经有关负责人签字并督促落实。

第六十四条 任何单位或者个人对事故隐患或者安全生产违法行为，均有权向负有安全生产监督管理职责的部门报告或者举报。

第六十五条 居民委员会、村民委员会发现其所在区域内的生产经营单位存在事故隐患或者安全生产违法行为时，应当向当地人民政府或者有关部门报告。

第六十六条 县级以上各级人民政府及其有关部门对报告重大事故隐患或者举报安全生产违法行为的有功人员给予奖励。具体奖励办法由国务院负责安全生产监督管理的部门会同国务院财政部门制定。

第六十七条 新闻、出版、广播、电影、电视等单位有进行安全生产宣传教育的义务，有对违反安全生产法律、法规的行为进行舆论监督的权利。

第五章 生产安全事故的应急救援与调查处理

第六十八条 县级以上地方各级人民政府应当组织有关部门制定本行政区域内特大生产安全事故应急救援预案，建立应急救援体系。

第六十九条 危险物品的生产、经营、储存单位以及矿山、建筑施工单位应当建立应急救援组织；生产经营规模较小，可以不建立应急救援组织的，应当指定兼职的应急救援人员。

危险物品的生产、经营、储存单位以及矿山、建筑施工单位应当配备必要的应急救援器材、设备，并进行经常性维护、保养，保证正常运转。

第七十条 生产经营单位发生生产安全事故后，事故现场有关人员应当立即报告本单位负责人。单位负责人接到事故报告后，应当迅速采取有效措施，组织抢救，防止事故扩大，减少人员伤亡和财产损失，并按照国家有关规定立即如实报告当地负有安全生产监督管理职责的部门，不得隐瞒不报、谎报或者拖延不报，不得故意破坏事故现场、毁灭有关证据。

第七十一条 负有安全生产监督管理职责的部门接到事故报告后，应当立即按照国家有关规定上报事故情况。负有安全生产监督管理职责的部门和有关地方人民政府对事故情况不得隐瞒不报、谎报或者拖延不报。

第七十二条 有关地方人民政府和负有安全生产监督管理职责的部门的负责人接到重大生产安全事故报告后，应当立即赶到事故现场，组织事故抢救。

任何单位和个人都应当支持、配合事故抢救，并提供一切便利条件。

第七十三条　事故调查处理应当按照实事求是、尊重科学的原则，及时、准确地查清事故原因，查明事故性质和责任，总结事故教训，提出整改措施，并对事故责任者提出处理意见。事故调查和处理的具体办法由国务院制定。

第七十四条　生产经营单位发生生产安全事故，经调查确定为责任事故的，除了应当查明事故单位的责任并依法予以追究外，还应当查明对安全生产的有关事项负有审查批准和监督职责的行政部门的责任，对有失职、渎职行为的，依照本法第七十七条的规定追究法律责任。

第七十五条　任何单位和个人不得阻挠和干涉对事故的依法调查处理。

第七十六条　县级以上地方各级人民政府负责安全生产监督管理的部门应当定期统计分析本行政区域内发生生产安全事故的情况，并定期向社会公布。

第六章　法律责任

第七十七条　负有安全生产监督管理职责的部门的工作人员，有下列行为之一的，给予降级或者撤职的行政处分；构成犯罪的，依照刑法有关规定追究刑事责任：

（一）对不符合法定安全生产条件的涉及安全生产的事项予以批准或者验收通过的；

（二）发现未依法取得批准、验收的单位擅自从事有关活动或者接到举报后不予取缔或者不依法予以处理的；

（三）对已经依法取得批准的单位不履行监督管理职责，发现其不再具备安全生产条件而不撤销原批准或者发现安全生产违法行为不予查处的。

第七十八条　负有安全生产监督管理职责的部门，要求被审查、验收的单位购买其指定的安全设备、器材或者其他产品的，在对安全生产事项的审查、验收中收取费用的，由其上级机关或者监察机关责令改正，责令退还收取的费用；情节严重的，对直接负责的主管人员和其他直接责任人员依法给予行政处分。

第七十九条　承担安全评价、认证、检测、检验工作的机构，出具虚假证明，构成犯罪的，依照刑法有关规定追究刑事责任；尚不够刑事处罚的，没收违法所得，违法所得在五千元以上的，并处违法所得二倍以上五倍以下的罚款，没有违法所得或者违法所得不足五千元的，单处或者并处五千元以上二万元以下的罚款，对其直接负责的主管人员和其他直接责任人员处五千元以上五万元以下的罚款；给他人造成损害的，与生产经营单位承担连带赔偿责任。

对有前款违法行为的机构，撤销其相应资格。

第八十条 生产经营单位的决策机构、主要负责人、个人经营的投资人不依照本法规定保证安全生产所必需的资金投入，致使生产经营单位不具备安全生产条件的，责令限期改正，提供必需的资金；逾期未改正的，责令生产经营单位停产停业整顿。

有前款违法行为，导致发生生产安全事故，构成犯罪的，依照刑法有关规定追究刑事责任；尚不够刑事处罚的，对生产经营单位的主要负责人给予撤职处分，对个人经营的投资人处二万元以上二十万元以下的罚款。

第八十一条 生产经营单位的主要负责人未履行本法规定的安全生产管理职责的，责令限期改正；逾期未改正的，责令生产经营单位停产停业整顿。

生产经营单位的主要负责人有前款违法行为，导致发生生产安全事故，构成犯罪的，依照刑法有关规定追究刑事责任；尚不够刑事处罚的，给予撤职处分或者处二万元以上二十万元以下的罚款。

生产经营单位的主要负责人依照前款规定受刑事处罚或者撤职处分的，自刑罚执行完毕或者受处分之日起，五年内不得担任任何生产经营单位的主要负责人。

第八十二条 生产经营单位有下列行为之一的，责令限期改正；逾期未改正的，责令停产停业整顿，可以并处二万元以下的罚款：

（一）未按照规定设立安全生产管理机构或者配备安全生产管理人员的；

（二）危险物品的生产、经营、储存单位以及矿山、建筑施工单位的主要负责人和安全生产管理人员未按照规定经考核合格的；

（三）未按照本法第二十一条、第二十二条的规定对从业人员进行安全生产教育和培训，或者未按照本法第三十六条的规定如实告知从业人员有关的安全生产事项的；

（四）特种作业人员未按照规定经专门的安全作业培训并取得特种作业操作资格证书，上岗作业的。

第八十三条 生产经营单位有下列行为之一的，责令限期改正；逾期未改正的，责令停止建设或者停产停业整顿，可以并处五万元以下的罚款；造成严重后果，构成犯罪的，依照刑法有关规定追究刑事责任：

（一）矿山建设项目或者用于生产、储存危险物品的建设项目没有安全设施设计或者安全设施设计未按照规定报经有关部门审查同意的；

（二）矿山建设项目或者用于生产、储存危险物品的建设项目的施工单位未按照批准的安全设施设计施工的；

（三）矿山建设项目或者用于生产、储存危险物品的建设项目竣工投入生产或者使用前，安全设施未经验收合格的；

（四）未在有较大危险因素的生产经营场所和有关设施、设备上设置明显的安全警示标志的；

（五）安全设备的安装、使用、检测、改造和报废不符合国家标准或者行业标准的；

（六）未对安全设备进行经常性维护、保养和定期检测的；

（七）未为从业人员提供符合国家标准或者行业标准的劳动防护用品的；

（八）特种设备以及危险物品的容器、运输工具未经取得专业资质的机构检测、检验合格，取得安全使用证或者安全标志，投入使用的；

（九）使用国家明令淘汰、禁止使用的危及生产安全的工艺、设备的。

第八十四条　未经依法批准，擅自生产、经营、储存危险物品的，责令停止违法行为或者予以关闭，没收违法所得，违法所得十万元以上的，并处违法所得一倍以上五倍以下的罚款，没有违法所得或者违法所得不足十万元的，单处或者并处二万元以上十万元以下的罚款；造成严重后果，构成犯罪的，依照刑法有关规定追究刑事责任。

第八十五条　生产经营单位有下列行为之一的，责令限期改正；逾期未改正的，责令停产停业整顿，可以并处二万元以上十万元以下的罚款；造成严重后果，构成犯罪的，依照刑法有关规定追究刑事责任：

（一）生产、经营、储存、使用危险物品，未建立专门安全管理制度、未采取可靠的安全措施或者不接受有关主管部门依法实施的监督管理的；

（二）对重大危险源未登记建档，或者未进行评估、监控，或者未制定应急预案的；

（三）进行爆破、吊装等危险作业，未安排专门管理人员进行现场安全管理的。

第八十六条　生产经营单位将生产经营项目、场所、设备发包或者出租给不具备安全生产条件或者相应资质的单位或者个人的，责令限期改正，没收违法所得；违法所得五万元以上的，并处违法所得一倍以上五倍以下的罚款；没有违法所得或者违法所得不足五万元的，单处或者并处一万元以上五万元以下的罚款；导致发生生产安全事故给他人造成损害的，与承包方、承租方承担连带赔偿责任。

生产经营单位未与承包单位、承租单位签订专门的安全生产管理协议或者未在承包合同、租赁合同中明确各自的安全生产管理职责，或者未对承包单位、承租单位的安全生产统一协调、管理的，责令限期改正；逾期未改正的，责令停产停业整顿。

第八十七条 两个以上生产经营单位在同一作业区域内进行可能危及对方安全生产的生产经营活动，未签订安全生产管理协议或者未指定专职安全生产管理人员进行安全检查与协调的，责令限期改正；逾期未改正的，责令停产停业。

第八十八条 生产经营单位有下列行为之一的，责令限期改正；逾期未改正的，责令停产停业整顿；造成严重后果，构成犯罪的，依照刑法有关规定追究刑事责任：

（一）生产、经营、储存、使用危险物品的车间、商店、仓库与员工宿舍在同一座建筑内，或者与员工宿舍的距离不符合安全要求的；

（二）生产经营场所和员工宿舍未设有符合紧急疏散需要、标志明显、保持畅通的出口，或者封闭、堵塞生产经营场所或者员工宿舍出口的。

第八十九条 生产经营单位与从业人员订立协议，免除或者减轻其对从业人员因生产安全事故伤亡依法应承担的责任的，该协议无效；对生产经营单位的主要负责人、个人经营的投资人处二万元以上十万元以下的罚款。

第九十条 生产经营单位的从业人员不服从管理，违反安全生产规章制度或者操作规程的，由生产经营单位给予批评教育，依照有关规章制度给予处分；造成重大事故，构成犯罪的，依照刑法有关规定追究刑事责任。

第九十一条 生产经营单位主要负责人在本单位发生重大生产安全事故时，不立即组织抢救或者在事故调查处理期间擅离职守或者逃匿的，给予降职、撤职的处分，对逃匿的处十五日以下拘留；构成犯罪的，依照刑法有关规定追究刑事责任。

生产经营单位主要负责人对生产安全事故隐瞒不报、谎报或者拖延不报的，依照前款规定处罚。

第九十二条 有关地方人民政府、负有安全生产监督管理职责的部门，对生产安全事故隐瞒不报、谎报或者拖延不报的，对直接负责的主管人员和其他直接责任人员依法给予行政处分；构成犯罪的，依照刑法有关规定追究刑事责任。

第九十三条 生产经营单位不具备本法和其他有关法律、行政法规和国家标准或者行业标准规定的安全生产条件，经停产停业整顿仍不具备安全生产条件的，予以关闭；有关部门应当依法吊销其有关证照。

第九十四条 本法规定的行政处罚，由负责安全生产监督管理的部门决定；予以关闭的行政处罚由负责安全生产监督管理的部门报请县级以上人民政府按照国务院规定的权限决定；给予拘留的行政处罚由公安机关依照治安管理处罚条例的规定决定。有关法律、行政法规对行政处罚的决定机关另有规定的，依照其规定。

第九十五条 生产经营单位发生生产安全事故造成人员伤亡、他人财产损失的，应当依法承担赔偿责任；拒不承担或者其负责人逃匿的，由人民法院依法强制执行。

生产安全事故的责任人未依法承担赔偿责任，经人民法院依法采取执行措施后，仍不能对受害人给予足额赔偿的，应当继续履行赔偿义务；受害人发现责任人有其他财产的，可以随时请求人民法院执行。

第七章 附 则

第九十七条 本法自 2002 年 11 月 1 日起施行。

二、《危险化学品管理条例》选摘

第二章 危险化学品的生产、储存和使用

第七条 国家对危险化学品的生产和储存实行统一规划、合理布局和严格控制，并对危险化学品生产、储存实行审批制度；未经审批，任何单位和个人都不得生产、储存危险化学品。

设区的市级人民政府根据当地经济发展的实际需要，在编制总体规划时，应

当按照确保安全的原则规划适当区域专门用于危险化学品的生产、储存。

第八条　危险化学品生产、储存企业，必须具备下列条件：

（一）有符合国家标准的生产工艺、设备或者储存方式、设施；

（二）工厂、仓库的周边防护距离符合国家标准或者国家有关规定；

（三）有符合生产或者储存需要的管理人员和技术人员；

（四）有健全的安全管理制度；

（五）符合法律、法规规定和国家标准要求的其他条件。

第九条　设立剧毒化学品生产、储存企业和其他危险化学品生产、储存企业，应当分别向省、自治区、直辖市人民政府经济贸易管理部门和设区的市级人民政府负责危险化学品安全监督管理综合工作的部门提出申请，并提交下列文件：

（一）可行性研究报告；

（二）原料、中间产品、最终产品或者储存的危险化学品的燃点、自燃点、闪点、爆炸极限、毒性等理化性能指标；

（三）包装、储存、运输的技术要求；

（四）安全评价报告；

（五）事故应急救援措施；

（六）符合本条例第八条规定条件的证明文件。

省、自治区、直辖市人民政府经济贸易管理部门或者设区的市级人民政府负责危险化学品安全监督管理综合工作的部门收到申请和提交的文件后，应当组织有关专家进行审查，提出审查意见后，报本级人民政府作出批准或者不予批准的决定。依据本级人民政府的决定，予以批准的，由省、自治区、直辖市人民政府经济贸易管理部门或者设区的市级人民政府负责危险化学品安全监督管理综合工作的部门颁发批准书；不予批准的，书面通知申请人。

申请人凭批准书向工商行政管理部门办理登记注册手续。

第十条　除运输工具加油站、加气站外，危险化学品的生产装置和储存数量构成重大危险源的储存设施，与下列场所、区域的距离必须符合国家标准或者国家有关规定：

（一）居民区、商业中心、公园等人口密集区域；

（二）学校、医院、影剧院、体育场（馆）等公共设施；

（三）供水水源、水厂及水源保护区；

（四）车站、码头（按照国家规定，经批准，专门从事危险化学品装卸作业的除外）、机场以及公路、铁路、水路交通干线、地铁风亭及出入口；

（五）基本农田保护区、畜牧区、渔业水域和种子、种畜、水产苗种生产基地；

（六）河流、湖泊、风景名胜区和自然保护区；

（七）军事禁区、军事管理区；

（八）法律、行政法规规定予以保护的其他区域。

已建危险化学品的生产装置和储存数量构成重大危险源的储存设施不符合前款规定的，由所在地设区的市级人民政府负责危险化学品安全监督管理综合工作的部门监督其在规定期限内进行整顿；需要转产、停产、搬迁、关闭的，报本级人民政府批准后实施。

本条例所称重大危险源，是指生产、运输、使用、储存危险化学品或者处置废弃危险化学品，且危险化学品的数量等于或者超过临界量的单元(包括场所和设施)。

第十一条 危险化学品生产、储存企业改建、扩建的，必须依照本条例第九条的规定经审查批准。

第十二条 依法设立的危险化学品生产企业，必须向国务院质检部门申请领取危险化学品生产许可证；未取得危险化学品生产许可证的，不得开工生产。

国务院质检部门应当将颁发危险化学品生产许可证的情况通报国务院经济贸易综合管理部门、环境保护部门和公安部门。

第十三条 任何单位和个人不得生产、经营、使用国家明令禁止的危险化学品。

禁止用剧毒化学品生产灭鼠药以及其他可能进入人民日常生活的化学产品和日用化学品。

第十四条 生产危险化学品的，应当在危险化学品的包装内附有与危险化学品完全一致的化学品安全技术说明书，并在包装（包括外包装件）上加贴或者拴挂与包装内危险化学品完全一致的化学品安全标签。

危险化学品生产企业发现其生产的危险化学品有新的危害特性时，应当立即公告，并及时修订安全技术说明书和安全标签。

第十五条 使用危险化学品从事生产的单位，其生产条件必须符合国家标准和国家有关规定，并依照国家有关法律、法规的规定取得相应的许可，必须建立、健全危险化学品使用的安全管理规章制度，保证危险化学品的安全使用和管理。

第十六条 生产、储存、使用危险化学品的，应当根据危险化学品的种类、特性，在车间、库房等作业场所设置相应的监测、通风、防晒、调温、防火、灭火、防爆、泄压、防毒、消毒、中和、防潮、防雷、防静电、防腐、防渗漏、防护围堤或者隔离操作等安全设施、设备，并按照国家标准和国家有关规定进行维护、保养，保证符合安全运行要求。

第十七条 生产、储存、使用剧毒化学品的单位，应当对本单位的生产、储存装置每年进行一次安全评价；生产、储存、使用其他危险化学品的单位，应当对本单位的生产、储存装置每两年进行一次安全评价。

安全评价报告应当对生产、储存装置存在的安全问题提出整改方案。安全评价中发现生产、储存装置存在现实危险的，应当立即停止使用，予以更换或者修复，并采取相应的安全措施。

安全评价报告应当报所在地设区的市级人民政府负责危险化学品安全监督管理综合工作的部门备案。

第十八条 危险化学品的生产、储存、使用单位，应当在生产、储存和使用场所设置通讯、报警装置，并保证在任何情况下处于正常适用状态。

第十九条 剧毒化学品的生产、储存、使用单位，应当对剧毒化学品的产量、流向、储存量和用途如实记录，并采取必要的保安措施，防止剧毒化学品被盗、丢失或者误售、误用；发现剧毒化学品被盗、丢失或者误售、误用时，必须立即向当地公安部门报告。

第二十条 危险化学品的包装必须符合国家法律、法规、规章的规定和国家标准的要求。

危险化学品包装的材质、型式、规格、方法和单件质量（重量），应当与所包装的危险化学品的性质和用途相适应，便于装卸、运输和储存。

第二十一条 危险化学品的包装物、容器，必须由省、自治区、直辖市人民政府经济贸易管理部门审查合格的专业生产企业定点生产，并经国务院质检部门认可的专业检测、检验机构检测、检验合格，方可使用。

重复使用的危险化学品包装物、容器在使用前，应当进行检查，并作出记录；检查记录应当至少保存 2 年。

质检部门应当对危险化学品的包装物、容器的产品质量进行定期的或者不定期的检查。

第二十二条   危险化学品必须储存在专用仓库、专用场地或者专用储存室（以下统称专用仓库）内，储存方式、方法与储存数量必须符合国家标准，并由专人管理。

危险化学品出入库，必须进行核查登记。库存危险化学品应当定期检查。

剧毒化学品以及储存数量构成重大危险源的其他危险化学品必须在专用仓库内单独存放，实行双人收发、双人保管制度。储存单位应当将储存剧毒化学品以及构成重大危险源的其他危险化学品的数量、地点以及管理人员的情况，报当地公安部门和负责危险化学品安全监督管理综合工作的部门备案。

第二十三条   危险化学品专用仓库，应当符合国家标准对安全、消防的要求，设置明显标志。危险化学品专用仓库的储存设备和安全设施应当定期检测。

第二十四条   处置废弃危险化学品，依照固体废物污染环境防治法和国家有关规定执行。

第二十五条   危险化学品的生产、储存、使用单位转产、停产、停业或者解散的，应当采取有效措施，处置危险化学品的生产或者储存设备、库存产品及生产原料，不得留有事故隐患。处置方案应当报所在地设区的市级人民政府负责危险化学品安全监督管理综合工作的部门和同级环境保护部门、公安部门备案。负责危险化学品安全监督管理综合工作的部门应当对处置情况进行监督检查。

第二十六条   公众上交的危险化学品，由公安部门接收。公安部门接收的危险化学品和其他有关部门收缴的危险化学品，交由环境保护部门认定的专业单位处理。

第四章   危险化学品的运输

第三十五条   国家对危险化学品的运输实行资质认定制度；未经资质认定，不得运输危险化学品。

危险化学品运输企业必须具备的条件由国务院交通部门规定。

第三十六条   用于危险化学品运输工具的槽罐以及其他容器，必须依照本条例第二十一条的规定，由专业生产企业定点生产，并经检测、检验合格，方可使用。

质检部门应当对前款规定的专业生产企业定点生产的槽罐以及其他容器的产品质量进行定期的或者不定期的检查。

第三十七条 危险化学品运输企业，应当对其驾驶员、船员、装卸管理人员、押运人员进行有关安全知识培训；驾驶员、船员、装卸管理人员、押运人员必须掌握危险化学品运输的安全知识，并经所在地设区的市级人民政府交通部门考核合格（船员经海事管理机构考核合格），取得上岗资格证，方可上岗作业。危险化学品的装卸作业必须在装卸管理人员的现场指挥下进行。

运输危险化学品的驾驶员、船员、装卸人员和押运人员必须了解所运载的危险化学品的性质、危害特性、包装容器的使用特性和发生意外时的应急措施。运输危险化学品，必须配备必要的应急处理器材和防护用品。

第三十八条 通过公路运输危险化学品的，托运人只能委托有危险化学品运输资质的运输企业承运。

第三十九条 通过公路运输剧毒化学品的，托运人应当向目的地的县级人民政府公安部门申请办理剧毒化学品公路运输通行证。

办理剧毒化学品公路运输通行证，托运人应当向公安部门提交有关危险化学品的品名、数量、运输始发地和目的地、运输路线、运输单位、驾驶人员、押运人员、经营单位和购买单位资质情况的材料。

剧毒化学品公路运输通行证的式样和具体申领办法由国务院公安部门制定。

第四十条 禁止利用内河以及其他封闭水域等航运渠道运输剧毒化学品以及国务院交通部门规定禁止运输的其他危险化学品。

利用内河以及其他封闭水域等航运渠道运输前款规定以外的危险化学品的，只能委托有危险化学品运输资质的水运企业承运，并按照国务院交通部门的规定办理手续，接受有关交通部门（港口部门、海事管理机构，下同）的监督管理。

运输危险化学品的船舶及其配载的容器必须按照国家关于船舶检验的规范进行生产，并经海事管理机构认可的船舶检验机构检验合格，方可投入使用。

第四十一条 托运人托运危险化学品，应当向承运人说明运输的危险化学品的品名、数量、危害、应急措施等情况。

运输危险化学品需要添加抑制剂或者稳定剂的，托运人交付托运时应当添加抑制剂或者稳定剂，并告知承运人。

托运人不得在托运的普通货物中夹带危险化学品，不得将危险化学品匿报或者谎报为普通货物托运。

第四十二条　运输、装卸危险化学品，应当依照有关法律、法规、规章的规定和国家标准的要求并按照危险化学品的危险特性，采取必要的安全防护措施。

运输危险化学品的槽罐以及其他容器必须封口严密，能够承受正常运输条件下产生的内部压力和外部压力，保证危险化学品在运输中不因温度、湿度或者压力的变化而发生任何渗（洒）漏。

第四十三条　通过公路运输危险化学品，必须配备押运人员，并随时处于押运人员的监管之下，不得超装、超载，不得进入危险化学品运输车辆禁止通行的区域；确需进入禁止通行区域的，应当事先向当地公安部门报告，由公安部门为其指定行车时间和路线，运输车辆必须遵守公安部门规定的行车时间和路线。

危险化学品运输车辆禁止通行区域，由设区的市级人民政府公安部门划定，并设置明显的标志。

运输危险化学品途中需要停车住宿或者遇有无法正常运输的情况时，应当向当地公安部门报告。

第四十四条　剧毒化学品在公路运输途中发生被盗、丢失、流散、泄漏等情况时，承运人及押运人员必须立即向当地公安部门报告，并采取一切可能的警示措施。公安部门接到报告后，应当立即向其他有关部门通报情况；有关部门应当采取必要的安全措施。

第四十五条　任何单位和个人不得邮寄或者在邮件内夹带危险化学品，不得将危险化学品匿报或者谎报为普通物品邮寄。

第四十六条　通过铁路、航空运输危险化学品的，按照国务院铁路、民航部门的有关规定执行。

第五章　危险化学品的登记与事故应急救援

第四十七条　国家实行危险化学品登记制度，并为危险化学品安全管理、事故预防和应急救援提供技术、信息支持。

第四十八条　危险化学品生产、储存企业以及使用剧毒化学品和数量构成重大危险源的其他危险化学品的单位，应当向国务院经济贸易综合管理部门负责危险化学品登记的机构办理危险化学品登记。危险化学品登记的具体办法由国务院经济贸易综合管理部门制定。

负责危险化学品登记的机构应当向环境保护、公安、质检、卫生等有关部门提供危险化学品登记的资料。

第四十九条 县级以上地方各级人民政府负责危险化学品安全监督管理综合工作的部门应当会同同级其他有关部门制定危险化学品事故应急救援预案，报经本级人民政府批准后实施。

第五十条 危险化学品单位应当制定本单位事故应急救援预案，配备应急救援人员和必要的应急救援器材、设备，并定期组织演练。

危险化学品事故应急救援预案应当报设区的市级人民政府负责危险化学品安全监督管理综合工作的部门备案。

第五十一条 发生危险化学品事故，单位主要负责人应当按照本单位制定的应急救援预案，立即组织救援，并立即报告当地负责危险化学品安全监督管理综合工作的部门和公安、环境保护、质检部门。

第五十二条 发生危险化学品事故，有关地方人民政府应当做好指挥、领导工作。负责危险化学品安全监督管理综合工作的部门和环境保护、公安、卫生等有关部门，应当按照当地应急救援预案组织实施救援，不得拖延、推诿。有关地方人民政府及其有关部门并应当按照下列规定，采取必要措施，减少事故损失，防止事故蔓延、扩大：

（一）立即组织营救受害人员，组织撤离或者采取其他措施保护危害区域内的其他人员；

（二）迅速控制危害源，并对危险化学品造成的危害进行检验、监测，测定事故的危害区域、危险化学品性质及危害程度；

（三）针对事故对人体、动植物、土壤、水源、空气造成的现实危害和可能产生的危害，迅速采取封闭、隔离、洗消等措施；

（四）对危险化学品事故造成的危害进行监测、处置，直至符合国家环境保护标准。

第五十三条 危险化学品生产企业必须为危险化学品事故应急救援提供技术指导和必要的协助。

第五十四条 危险化学品事故造成环境污染的信息，由环境保护部门统一公布。

第七章　附　则

第七十四条　本条例自 2002 年 3 月 15 日起施行。1987 年 2 月 17 日国务院发布的《化学危险物品安全管理条例》同时废止。

三、《中华人民共和国职业病防治法》选摘

第二章　前期预防

第十三条　产生职业病危害的用人单位的设立除应当符合法律、行政法规规定的设立条件外，其工作场所还应当符合下列职业卫生要求：

（一）职业病危害因素的强度或者浓度符合国家职业卫生标准；

（二）有与职业病危害防护相适应的设施；

（三）生产布局合理，符合有害与无害作业分开的原则；

（四）有配套的更衣间、洗浴间、孕妇休息间等卫生设施；

（五）设备、工具、用具等设施符合保护劳动者生理、心理健康的要求；

（六）法律、行政法规和国务院卫生行政部门关于保护劳动者健康的其他要求。

第十四条　在卫生行政部门中建立职业病危害项目的申报制度。

用人单位设有依法公布的职业病目录所列职业病的危害项目的，应当及时、如实向卫生行政部门申报，接受监督。

职业病危害项目申报的具体办法由国务院卫生行政部门制定。

第十五条　新建、扩建、改建建设项目和技术改造、技术引进项目（以下统称建设项目）可能产生职业病危害的，建设单位在可行性论证阶段应当向卫生行政部门提交职业病危害预评价报告。卫生行政部门应当自收到职业病危害预评价报告之日起三十日内，作出审核决定并书面通知建设单位。未提交预评价报告或者预评价报告未经卫生行政部门审核同意的，有关部门不得批准该建设项目。

职业病危害预评价报告应当对建设项目可能产生的职业病危害因素及其对工

作场所和劳动者健康的影响作出评价，确定危害类别和职业病防护措施。

建设项目职业病危害分类目录和分类管理办法由国务院卫生行政部门制定。

第十六条 建设项目的职业病防护设施所需费用应当纳入建设项目工程预算，并与主体工程同时设计，同时施工，同时投入生产和使用。

职业病危害严重的建设项目的防护设施设计，应当经卫生行政部门进行卫生审查，符合国家职业卫生标准和卫生要求的，方可施工。

建设项目在竣工验收前，建设单位应当进行职业病危害控制效果评价。建设项目竣工验收时，其职业病防护设施经卫生行政部门验收合格后，方可投入正式生产和使用。

第十七条 职业病危害预评价、职业病危害控制效果评价由依法设立的取得省级以上人民政府卫生行政部门资质认证的职业卫生技术服务机构进行。职业卫生技术服务机构所作评价应当客观、真实。

第十八条 国家对从事放射、高毒等作业实行特殊管理。具体管理办法由国务院制定。

第三章　劳动过程中的防护与管理

第十九条 用人单位应当采取下列职业病防治管理措施：

（一）设置或者指定职业卫生管理机构或者组织，配备专职或者兼职的职业卫生专业人员，负责本单位的职业病防治工作；

（二）制定职业病防治计划和实施方案；

（三）建立、健全职业卫生管理制度和操作规程；

（四）建立、健全职业卫生档案和劳动者健康监护档案；

（五）建立、健全工作场所职业病危害因素监测及评价制度；

（六）建立、健全职业病危害事故应急救援预案。

第二十条 用人单位必须采用有效的职业病防护设施，并为劳动者提供个人使用的职业病防护用品。

用人单位为劳动者个人提供的职业病防护用品必须符合防治职业病的要求；不符合要求的，不得使用。

第二十一条 用人单位应当优先采用有利于防治职业病和保护劳动者健康的新技术、新工艺、新材料，逐步替代职业病危害严重的技术、工艺、材料。

第二十二条　产生职业病危害的用人单位，应当在醒目位置设置公告栏，公布有关职业病防治的规章制度、操作规程、职业病危害事故应急救援措施和工作场所职业病危害因素检测结果。

对产生严重职业病危害的作业岗位，应当在其醒目位置，设置警示标识和中文警示说明。警示说明应当载明产生职业病危害的种类、后果、预防以及应急救治措施等内容。

第二十三条　对可能发生急性职业损伤的有毒、有害工作场所，用人单位应当设置报警装置，配置现场急救用品、冲洗设备、应急撤离通道和必要的泄险区。

对放射工作场所和放射性同位素的运输、储存，用人单位必须配置防护设备和报警装置，保证接触放射线的工作人员佩戴个人剂量计。

对职业病防护设备、应急救援设施和个人使用的职业病防护用品，用人单位应当进行经常性的维护、检修，定期检测其性能和效果，确保其处于正常状态，不得擅自拆除或者停止使用。

第二十四条　用人单位应当实施由专人负责的职业病危害因素日常监测，并确保监测系统处于正常运行状态。

用人单位应当按照国务院卫生行政部门的规定，定期对工作场所进行职业病危害因素检测、评价。检测、评价结果存入用人单位职业卫生档案，定期向所在地卫生行政部门报告并向劳动者公布。

职业病危害因素检测、评价由依法设立的取得省级以上人民政府卫生行政部门资质认证的职业卫生技术服务机构进行。职业卫生技术服务机构所作检测、评价应当客观、真实。

发现工作场所职业病危害因素不符合国家职业卫生标准和卫生要求时，用人单位应当立即采取相应治理措施，仍然达不到国家职业卫生标准和卫生要求的，必须停止存在职业病危害因素的作业；职业病危害因素经治理后，符合国家职业卫生标准和卫生要求的，方可重新作业。

第二十五条　向用人单位提供可能产生职业病危害的设备的，应当提供中文说明书，并在设备的醒目位置设置警示标识和中文警示说明。警示说明应当载明设备性能、可能产生的职业病危害、安全操作和维护注意事项、职业病防护以及应急救治措施等内容。

第二十六条　向用人单位提供可能产生职业病危害的化学品、放射性同位素和含有放射性物质的材料的，应当提供中文说明书。说明书应当载明产品特性、主要成分、存在的有害因素、可能产生的危害后果、安全使用注意事项、职业病防护以及应急救治措施等内容。产品包装应当有醒目的警示标识和中文警示说明。储存上述材料的场所应当在规定的部位设置危险物品标识或者放射性警示标识。

国内首次使用或者首次进口与职业病危害有关的化学材料，使用单位或者进口单位按照国家规定经国务院有关部门批准后，应当向国务院卫生行政部门报送该化学材料的毒性鉴定以及经有关部门登记注册或者批准进口的文件等资料。

进口放射性同位素、射线装置和含有放射性物质的物品的，按照国家有关规定办理。

第二十七条 任何单位和个人不得生产、经营、进口和使用国家明令禁止使用的可能产生职业病危害的设备或者材料。

第二十八条 任何单位和个人不得将产生职业病危害的作业转移给不具备职业病防护条件的单位和个人。不具备职业病防护条件的单位和个人不得接受产生职业病危害的作业。

第二十九条 用人单位对采用的技术、工艺、材料，应当知悉其产生的职业病危害，对有职业病危害的技术、工艺、材料隐瞒其危害而采用的，对所造成的职业病危害后果承担责任。

第三十条 用人单位与劳动者订立劳动合同（含聘用合同，下同）时，应当将工作过程中可能产生的职业病危害及其后果、职业病防护措施和待遇等如实告知劳动者，并在劳动合同中写明，不得隐瞒或者欺骗。

劳动者在已订立劳动合同期间因工作岗位或者工作内容变更，从事与所订立劳动合同中未告知的存在职业病危害的作业时，用人单位应当依照前款规定，向劳动者履行如实告知的义务，并协商变更原劳动合同相关条款。

用人单位违反前两款规定的，劳动者有权拒绝从事存在职业病危害的作业，用人单位不得因此解除或者终止与劳动者所订立的劳动合同。

第三十一条 用人单位的负责人应当接受职业卫生培训，遵守职业病防治法律、法规，依法组织本单位的职业病防治工作。

用人单位应当对劳动者进行上岗前的职业卫生培训和在岗期间的定期职业卫生培训，普及职业卫生知识，督促劳动者遵守职业病防治法律、法规、规章和操作规程，指导劳动者正确使用职业病防护设备和个人使用的职业病防护用品。

劳动者应当学习和掌握相关的职业卫生知识，遵守职业病防治法律、法规、规章和操作规程，正确使用、维护职业病防护设备和个人使用的职业病防护用品，发现职业病危害事故隐患应当及时报告。

劳动者不履行前款规定义务的，用人单位应当对其进行教育。

第三十二条　对从事接触职业病危害的作业的劳动者，用人单位应当按照国务院卫生行政部门的规定组织上岗前、在岗期间和离岗时的职业健康检查，并将检查结果如实告知劳动者。职业健康检查费用由用人单位承担。

用人单位不得安排未经上岗前职业健康检查的劳动者从事接触职业病危害的作业；不得安排有职业禁忌的劳动者从事其所禁忌的作业；对在职业健康检查中发现有与所从事的职业相关的健康损害的劳动者，应当调离原工作岗位，并妥善安置；对未进行离岗前职业健康检查的劳动者不得解除或者终止与其订立的劳动合同。

职业健康检查应当由省级以上人民政府卫生行政部门批准的医疗卫生机构承担。

第三十三条　用人单位应当为劳动者建立职业健康监护档案，并按照规定的期限妥善保存。

职业健康监护档案应当包括劳动者的职业史、职业病危害接触史、职业健康检查结果和职业病诊疗等有关个人健康资料。

劳动者离开用人单位时，有权索取本人职业健康监护档案复印件，用人单位应当如实、无偿提供，并在所提供的复印件上签章。

第三十四条　发生或者可能发生急性职业病危害事故时，用人单位应当立即采取应急救援和控制措施，并及时报告所在地卫生行政部门和有关部门。卫生行政部门接到报告后，应当及时会同有关部门组织调查处理；必要时，可以采取临时控制措施。

对遭受或者可能遭受急性职业病危害的劳动者，用人单位应当及时组织救治、进行健康检查和医学观察，所需费用由用人单位承担。

第三十五条　用人单位不得安排未成年工从事接触职业病危害的作业；不得安排孕期、哺乳期的女职工从事对本人和胎儿、婴儿有危害的作业。

第三十六条　劳动者享有下列职业卫生保护权利：

（一）获得职业卫生教育、培训；

（二）获得职业健康检查、职业病诊疗、康复等职业病防治服务；

（三）了解工作场所产生或者可能产生的职业病危害因素、危害后果和应当采取的职业病防护措施；

（四）要求用人单位提供符合防治职业病要求的职业病防护设施和个人使用的职业病防护用品，改善工作条件；

（五）对违反职业病防治法律、法规以及危及生命健康的行为提出批评、检举和控告；

（六）拒绝违章指挥和强令进行没有职业病防护措施的作业；

（七）参与用人单位职业卫生工作的民主管理，对职业病防治工作提出意见和建议。

用人单位应当保障劳动者行使前款所列权利。因劳动者依法行使正当权利而降低其工资、福利等待遇或者解除、终止与其订立的劳动合同的，其行为无效。

第三十七条 工会组织应当督促并协助用人单位开展职业卫生宣传教育和培训，对用人单位的职业病防治工作提出意见和建议，与用人单位就劳动者反映的有关职业病防治的问题进行协调并督促解决。

工会组织对用人单位违反职业病防治法律、法规，侵犯劳动者合法权益的行为，有权要求纠正；产生严重职业病危害时，有权要求采取防护措施，或者向政府有关部门建议采取强制性措施；发生职业病危害事故时，有权参与事故调查处理；发现危及劳动者生命健康的情形时，有权向用人单位建议组织劳动者撤离危险现场，用人单位应当立即作出处理。

第三十八条 用人单位按照职业病防治要求，用于预防和治理职业病危害、工作场所卫生检测、健康监护和职业卫生培训等费用，按照国家有关规定，在生产成本中据实列支。

第五章　监督检查

第五十五条 县级以上人民政府卫生行政部门依照职业病防治法律、法规、国家职业卫生标准和卫生要求，依据职责划分，对职业病防治工作及职业病危害检测、评价活动进行监督检查。

第五十六条 卫生行政部门履行监督检查职责时，有权采取下列措施：

（一）进入被检查单位和职业病危害现场，了解情况，调查取证；

（二）查阅或者复制与违反职业病防治法律、法规的行为有关的资料和采集样品；

（三）责令违反职业病防治法律、法规的单位和个人停止违法行为。

第五十七条　发生职业病危害事故或者有证据证明危害状态可能导致职业病危害事故发生时，卫生行政部门可以采取下列临时控制措施：

（一）责令暂停导致职业病危害事故的作业；

（二）封存造成职业病危害事故或者可能导致职业病危害事故发生的材料和设备；

（三）组织控制职业病危害事故现场。在职业病危害事故或者危害状态得到有效控制后，卫生行政部门应当及时解除控制措施。

第五十八条　职业卫生监督执法人员依法执行职务时，应当出示监督执法证件。

职业卫生监督执法人员应当忠于职守，秉公执法，严格遵守执法规范；涉及用人单位的秘密的，应当为其保密。

第五十九条　职业卫生监督执法人员依法执行职务时，被检查单位应当接受检查并予以支持配合，不得拒绝和阻碍。

第六十条　卫生行政部门及其职业卫生监督执法人员履行职责时，不得有下列行为：

（一）对不符合法定条件的，发给建设项目有关证明文件、资质证明文件或者予以批准；

（二）对已经取得有关证明文件的，不履行监督检查职责；

（三）发现用人单位存在职业病危害的，可能造成职业病危害事故，不及时依法采取控制措施；

（四）其他违反本法的行为。

第六十一条　职业卫生监督执法人员应当依法经过资格认定。

卫生行政部门应当加强队伍建设，提高职业卫生监督执法人员的政治、业务素质，依照本法和其他有关法律、法规的规定，建立、健全内部监督制度，对其工作人员执行法律、法规和遵守纪律的情况，进行监督检查。

第六章　法律责任

第六十二条　建设单位违反本法规定，有下列行为之一的，由卫生行政部门给予警告，责令限期改正；逾期不改正的，处十万元以上五十万元以下的罚款；情节严重的，责令停止产生职业病危害的作业，或者提请有关人民政府按照国务院规定的权限责令停建、关闭：

（一）未按照规定进行职业病危害预评价或者未提交职业病危害预评价报告，或者职业病危害预评价报告未经卫生行政部门审核同意，擅自开工的；

（二）建设项目的职业病防护设施未按照规定与主体工程同时投入生产和使用的；

（三）职业病危害严重的建设项目，其职业病防护设施设计不符合国家职业卫生标准和卫生要求施工的；

（四）未按照规定对职业病防护设施进行职业病危害控制效果评价、未经卫生行政部门验收或者验收不合格，擅自投入使用的。

第六十三条　违反本法规定，有下列行为之一的，由卫生行政部门给予警告，责令限期改正；逾期不改正的，处二万元以下的罚款：

（一）工作场所职业病危害因素检测、评价结果没有存档、上报、公布的；

（二）未采取本法第十九条规定的职业病防治管理措施的；

（三）未按照规定公布有关职业病防治的规章制度、操作规程、职业病危害事故应急救援措施的；

（四）未按照规定组织劳动者进行职业卫生培训，或者未对劳动者个人职业病防护采取指导、督促措施的；

（五）国内首次使用或者首次进口与职业病危害有关的化学材料，未按照规定报送毒性鉴定资料以及经有关部门登记注册或者批准进口的文件的。

第六十四条　用人单位违反本法规定，有下列行为之一的，由卫生行政部门责令限期改正，给予警告，可以并处二万元以上五万元以下的罚款：

（一）未按照规定及时、如实向卫生行政部门申报产生职业病危害的项目的；

（二）未实施由专人负责的职业病危害因素日常监测，或者监测系统不能正常监测的；

（三）订立或者变更劳动合同时，未告知劳动者职业病危害真实情况的；

（四）未按照规定组织职业健康检查、建立职业健康监护档案或者未将检查结果如实告知劳动者的。

第六十五条　用人单位违反本法规定，有下列行为之一的，由卫生行政部门给予警告，责令限期改正，逾期不改正的，处五万元以上二十万元以下的罚款；情节严重的，责令停止产生职业病危害的作业，或者提请有关人民政府按照国务院规定的权限责令关闭：

（一）工作场所职业病危害因素的强度或者浓度超过国家职业卫生标准的；

（二）未提供职业病防护设施和个人使用的职业病防护用品，或者提供的职业病防护设施和个人使用的职业病防护用品不符合国家职业卫生标准和卫生要求的；

（三）对职业病防护设备、应急救援设施和个人使用的职业病防护用品未按照规定进行维护、检修、检测，或者不能保持正常运行、使用状态的；

（四）未按照规定对工作场所职业病危害因素进行检测、评价的；

（五）工作场所职业病危害因素经治理仍然达不到国家职业卫生标准和卫生要求时，未停止存在职业病危害因素的作业的；

（六）未按照规定安排职业病病人、疑似职业病病人进行诊治的；

（七）发生或者可能发生急性职业病危害事故时，未立即采取应急救援和控制措施或者未按照规定及时报告的；

（八）未按照规定在产生严重职业病危害的作业岗位醒目位置设置警示标识和中文警示说明的；

（九）拒绝卫生行政部门监督检查的。

第六十六条　向用人单位提供可能产生职业病危害的设备、材料，未按照规定提供中文说明书或者设置警示标识和中文警示说明的，由卫生行政部门责令限期改正，给予警告，并处五万元以上二十万元以下的罚款。

第六十七条　用人单位和医疗卫生机构未按照规定报告职业病、疑似职业病的，由卫生行政部门责令限期改正，给予警告，可以并处一万元以下的罚款；弄虚作假的，并处二万元以上五万元以下的罚款；对直接负责的主管人员和其他直接责任人员，可以依法给予降级或者撤职的处分。

第六十八条　违反本法规定，有下列情形之一的，由卫生行政部门责令限期治理，并处五万元以上三十万元以下的罚款；情节严重的，责令停止产生职业病危害的作业，或者提请有关人民政府按照国务院规定的权限责令关闭：

（一）隐瞒技术、工艺、材料所产生的职业病危害而采用的；

（二）隐瞒本单位职业卫生真实情况的；

（三）可能发生急性职业损伤的有毒、有害工作场所、放射工作场所或者放射性同位素的运输、储存不符合本法第二十三条规定的；

（四）使用国家明令禁止使用的可能产生职业病危害的设备或者材料的；

（五）将产生职业病危害的作业转移给没有职业病防护条件的单位和个人，或者没有职业病防护条件的单位和个人接受产生职业病危害的作业的；

（六）擅自拆除、停止使用职业病防护设备或者应急救援设施的；

（七）安排未经职业健康检查的劳动者、有职业禁忌的劳动者、未成年工或者孕期、哺乳期女职工从事接触职业病危害的作业或者禁忌作业的；

（八）违章指挥和强令劳动者进行没有职业病防护措施的作业的。

第六十九条 生产、经营或者进口国家明令禁止使用的可能产生职业病危害的设备或者材料的，依照有关法律、行政法规的规定给予处罚。

第七十条 用人单位违反本法规定，已经对劳动者生命健康造成严重损害的，由卫生行政部门责令停止产生职业病危害的作业，或者提请有关人民政府按照国务院规定的权限责令关闭，并处十万元以上三十万元以下的罚款。

第七十一条 用人单位违反本法规定，造成重大职业病危害事故或者其他严重后果，构成犯罪的，对直接负责的主管人员和其他直接责任人员，依法追究刑事责任。

第七十二条 未取得职业卫生技术服务资质认证擅自从事职业卫生技术服务的，或者医疗卫生机构未经批准擅自从事职业健康检查、职业病诊断的，由卫生行政部门责令立即停止违法行为，没收违法所得；违法所得五千元以上的，并处违法所得二倍以上十倍以下的罚款；没有违法所得或者违法所得不足五千元的，并处五千元以上五万元以下的罚款；情节严重的，对直接负责的主管人员和其他直接责任人员，依法给予降级、撤职或者开除的处分。

第七十三条 从事职业卫生技术服务的机构和承担职业健康检查、职业病诊断的医疗卫生机构违反本法规定，有下列行为之一的，由卫生行政部门责令立即停止违法行为，给予警告，没收违法所得；违法所得五千元以上的，并处违法所得二倍以上五倍以下的罚款；没有违法所得或者违法所得不足五千元的，并处五千元以上二万元以下的罚款；情节严重的，由原认证或者批准机关取消其相应的资格；对直接负责的主管人员和其他直接责任人员，依法给予降级、撤职或者开除的处分；构成犯罪的，依法追究刑事责任：

（一）超出资质认证或者批准范围从事职业卫生技术服务或者职业健康检查、职业病诊断的；

（二）不按照本法规定履行法定职责的；

（三）出具虚假证明文件的。

第七十四条 职业病诊断鉴定委员会组成人员收受职业病诊断争议当事人的财物或者其他好处的，给予警告，没收收受的财物，可以并处三千元以上五万元以下的罚款，取消其担任职业病诊断鉴定委员会组成人员的资格，并从省、自治区、直辖市人民政府卫生行政部门设立的专家库中予以除名。

第七十五条 卫生行政部门不按照规定报告职业病和职业病危害事故的，由上一级卫生行政部门责令改正，通报批评，给予警告；虚报、瞒报的，对单位负责人、直接负责的主管人员和其他直接责任人员依法给予降级、撤职或者开除的行政处分。

第七十六条 卫生行政部门及其职业卫生监督执法人员有本法第六十条所列行为之一，导致职业病危害事故发生，构成犯罪的，依法追究刑事责任；尚不构成犯罪的，对单位负责人、直接负责的主管人员和其他直接责任人员依法给予降级、撤职或者开除的行政处分。

第七章　附　则

第七十九条 本法自 2002 年 5 月 1 日起施行。

附录二 生产现场安全管理工具表单

一、安全生产检查记录表

被检查单位		检查组负责人	检查组名称及参与人员
存在的安全隐患			
改进措施			
检查结论		落实人签字	
		日期:	日期:

二、三级安全教育卡

姓名	性别	工种	入厂时间
毕业院校	文化程度	专业	出生年月日

三级安全教育顺序	
安全教育内容	
教育日期	

三、安全管理人员名录

编号: _____　　日期: _____

工号	姓名	单位	出生日期	职称	学历	专业	安全专业工龄	安全专业资格	证件编号	备注

说明: 安全管理人员对本表进行建账后一式两份, 一份报送上级安全管理部门, 一份自己保留。一旦安全管理人员发生变动, 应及时进行上报。

四、安全检查整改意见表

编号：_____

_____：

在_____年___月___日对_____的安全检查中，存在如下问题，请及时进行整改。

_____
_____
_____
_____
_____
_____
_____
_____
_____
_____
_____

签发人	接收人	接收时间	整改期限

五、安全生产活动记录表

编号： _____			日期： _____	
主持人		活动地点	记录员	
活动参与人员			活动主题	
活动记录				

六、安全隐患整改通知单

编号：_____

受检单位		检查时间	
存在隐患部位			
隐患情况			
整改要求			
完成期限		签发单位		签发人	

七、安全隐患整改反馈单

编号：＿＿＿＿＿＿＿＿＿＿＿＿

整改单位		整改时间	
安全隐患 整改情况			
			整改单位公章
整改负责人		复验人	

八、安全员每日巡检记录

日期：_____   编号：_____

序号	作业班组	地点	检查项目	检查情况	如何处理
1					
2					
3					
4					
5					
6					
7					
8					
9					
10					
11					
12					
13					
14					
15					
16					
17					
18					
19					
20					
21					
22					
23					

巡检人签字：_____

九、安全作业标准表

编号：＿＿＿＿＿＿＿＿＿＿

作业种数	作业名称	作业方式	制作人
制定日期	修订日期	修订次数	使用器具、防护具
工作步骤			
工作要领			
安全注意事项			
相关图解			

十、工艺操作安全检查表

检查内容	实施情况	具体说明
（1）是否采取了防止发生火灾爆炸危险的反应操作隔离措施？	Y□　　N□	
（2）是否采取了防止接近闪点操作的措施？	Y□　　N□	
（3）装置内部是否会发生可燃性或可爆性混合物的爆炸？	Y□　　N□	
（4）工艺中的各种参数是否都在危险界限以下？	Y□　　N□	
（5）操作中是否会发生不希望出现的工艺流向或工艺污染？	Y□　　N□	
（6）对反应或中间产品，在流程中是否采取了安全制度？如果一部分成分不足或者混合比例不同，是否会对人产生危害？	Y□　　N□	
（7）是否有异常反应、异常压力、流动阻塞、混入杂质、跑冒滴漏等现象发生的措施？	Y□　　N□	
（8）是否有在异常状态下可将反应物质迅速排放的措施？	Y□　　N□	
（9）是否有制止急剧反应的措施？	Y□　　N□	
（10）设备在逐渐或急速堵塞时，是否会发生紧急危险？	Y□　　N□	
（11）如果发生紧急危险，是否有相应的防范措施？	Y□　　N□	

十一、生产设备安全检查表

检查内容	实施情况		具体说明
（1）各种气体管线是否具有潜在危险性？	Y□	N□	
（2）液封中液面的保持是否恰当？	Y□	N□	
（3）是否在玻璃等易碎材料制造的设备上采用了强度较大的韧性材料？	Y□	N□	
（4）如果外部发生火灾，设备内部是否会处于危险状态？	Y□	N□	
（5）紧急阀门或紧急开关是否装在易于操作的地方？	Y□	N□	
（6）在发生火灾或爆炸时，是否有阻止火势蔓延或减少损失的相关措施？	Y□	N□	
（7）是否采取了通风换气装置？	Y□	N□	
（8）是否采用了防静电措施？	Y□	N□	
（9）视镜玻璃是否在十分必要的情况下才装？	Y□	N□	
（10）在受压或有毒反应的容器中是否装置了耐压的特殊玻璃？	Y□	N□	
（11）是否在检查期限之内对重要的装置和受压容器进行了检查？	Y□	N□	
（12）是否隔离了有爆炸敏感性的生产设备？	Y□	N□	
（13）是否安设了屏蔽设备或防护墙？	Y□	N□	
（14）是否对压力容器进行了耐压试验、无损探伤及外部检查？	Y□	N□	
（15）是否有缓和爆炸对建筑的影响的措施？	Y□	N□	
（16）压力容器是否符合国家有关规定？	Y□	N□	
（17）对压力容器是否进行了登记？是否设有档案？	Y□	N□	
（18）是否对重要设备制定了详细的安全检查表？	Y□	N□	
（19）设备本身的安全装置是否可靠？	Y□	N□	

十二、工作安全分析表

工作名称	作业地点	制定日期	修订日期
修订次数	材料、物料	安全护具	设备工具

潜在危险	
安全工作方法	
主要步骤	

审批者		分析者	

十三、事故调查报告

事故发生单位名称		单位基本情况	
事故发生的时间		事故发生地点	
事故的性质		事故调查组人员名单	
事故抢救情况			
人员伤亡情况			
经济损失			
事故发生原因			
事故责任人的处理			
事故分析得出的教训和改进措施			
其他需要说明的事项			

附录三　危险物质临界量表

危险物质名称	临界量（吨）	
	储存区	生产场所
过乙酸（浓度≥60%）	10	1
过氧化（二）异丁酰（浓度≥50%）	10	1
过氧化二碳酸二乙酯（浓度≥30%）	10	1
过氧化新戊酸叔丁酯（浓度≥77%）	10	1
2,2-双-（过氧化叔丁基）丁烷（浓度≥70%）	10	1
1,1-双-（过氧化叔丁基）环己烷（浓度≥80%）	10	1
过氧化二碳酸二仲丁酯（浓度≥80%）	10	1
2,2-过氧化二氢丙烷（浓度≥30%）	10	1
过氧化二碳酸二正丙酯（浓度≥80%）	10	1
氯酸钾	20	2
氯酸钠	20	2
过氧化钾	20	2
过氧化钠	20	2
过氧化乙酸叔丁酯（浓度≥70%）	10	1
过氧化异丁酸叔丁酯（浓度≥80%）	10	1
过氧化顺式丁烯二酸叔丁酯（浓度≥80%）	10	1
过氧化异丙基碳酸叔丁酯（浓度≥80%）	10	1
过氧化二碳酸二苯甲酯（盐度≥90%）	10	1
3,3,6,6,9,9-六甲基-1,2,4,5-四氧环壬烷	10	1
过氧化甲乙酮（浓度≥60%）	10	1
过氧化异丁基甲基甲酮（浓度≥60%）	10	1
闪点<28℃的液体乙烷	20	2
正戊烷	20	2
石脑油	20	2
环戊烷	20	2

危险物质名称	临界量（吨）	
	储存区	生产场所
甲醇	20	2
乙醇	20	2
乙醚	20	2
甲酸甲酯	20	2
甲酸乙酯	20	2
乙酸甲酯	20	2
汽油	20	2
丙酮	20	2
丙烯	20	2
爆炸下限≤10%气体乙炔	10	1
氢	10	1
甲烷	10	1
乙烯	10	1
1,3-丁二烯	10	1
环氧乙烷	10	1
一氧化碳和氢气混合物	10	1
石油气	10	1
天然气	10	1
28℃≤闪点<60℃的液体煤油	100	10
松节油	100	10
2-丁烯-1-醇	100	10
3-甲基-1-丁醇	100	10
二（正）丁醚	100	10
乙酸正丁酯	100	10
硝酸正戊酯	100	10
2,4-戊二酮	100	10
环己胺	100	10
乙酸	100	10
樟脑油	100	10
甲酸	100	10
2,4,6-三硝基苯酚	50	5
2,4,6-三硝基苯甲硝胺	50	5
2,4,6-三硝基苯胺	50	5
三硝基苯甲醚	50	5

续表

危险物质名称	临界量（吨）	
	储存区	生产场所
2,4,6-三硝基苯甲酸	50	5
二硝基（苯）酚	50	5
环三次甲基三硝胺	50	5
2,4,6-三硝基甲苯	50	5
季戊四醇四硝酸酯	50	5
硝化纤维素	100	10
硝酸铵	250	5
1,3,5-三硝基苯	50	5
2,4,6-三硝基氯（化）苯	50	5
2,4,6-三硝基间苯二酚	50	5
环四次甲基四硝胺	50	5
六硝基-1,2-二苯乙烯	50	5
硝酸乙酯	50	5
雷（酸）汞	1	1
硝化丙三醇	1	0.1
二硝基重氮酚	1	0.1
二乙二醇二硝酸酯	1	0.1
脒基亚硝氨基脒基四氮烯	1	0.1
迭氮（化）钡	1	0.1
迭氮（化）铅	1	0.1
三硝基间苯二酚铅	1	1
六硝基二苯胺	50	5
氨	100	40
氯	25	10
碳酰氯	0.75	0.30
一氧化碳	5	2
二氧化硫	100	40
三氧化硫	75	30
硫化氢	5	2
羰基硫	5	2
氟化氢	5	2
氯化氢	50	20
砷化氢	1	0.4
锑化氢	1	0.4

续表

危险物质名称	临界量（吨）	
	储存区	生产场所
磷化氢	1	0.4
硒化氢	1	0.4
六氟化硒	1	0.4
六氟化碲	1	0.4
氰化氢	20	8
氯化氰	20	8
乙撑亚胺	20	8
二硫化碳	100	40
氮氧化物	50	20
氟	20	8
二氟化氧	1	0.4
三氟化氯	20	8
三氟化硼	20	8
三氯化磷	20	8
氧氯化磷	20	8
二氯化硫	1	0.4
溴	100	40
硫酸（二）甲酯	50	20
氯甲酸甲酯	20	8
八氟异丁烯	0.75	0.30
氯乙烯	50	20
2-氯-1,3-丁二烯	50	20
三氯乙烯	50	20
六氟丙烯	50	20
3-氯丙烯	50	20
甲苯-2,4-二异氰酸酯	100	40
异氰酸甲酯	0.75	0.30
丙烯腈	100	40
乙腈	100	40
丙酮氰醇	100	40
2-丙烯-1-醇	100	40
丙烯醛	100	40
3-氨基丙烯	100	40
苯	50	20

续表

危险物质名称	临界量（吨）	
	储存区	生产场所
甲基苯	100	40
二甲苯	100	40
甲醛	50	20
烷基铅类	50	20
羰基镍	1	0.4
乙硼烷	1	0.4
戊硼烷	1	0.4
3-氯-1,2-环氧丙烷	50	20
四氯化碳	50	20
氯甲烷	50	20
溴甲烷	50	20
氯甲基甲醚	50	20
一甲胺	50	20
二甲胺	50	20
N,N-二甲基甲酰胺	50	20

附录四 常用安全品标志

1. 安全标志

禁止标志、警告标志、命令标志是最常用的安全标志。

禁止标志的背景为白色，图像为黑色，带斜线的圆的边框为红色。

禁止明火作业	禁带烟火	禁止启用
禁止驶入	禁止通行	禁止穿化纤服装
禁止跨输送带	禁止停车	禁止合闸
禁止饮用	禁止戴手套	禁止抛物

禁止堆放	禁止乘人	禁止靠近
禁止入内	禁止攀登	禁止跨越
禁止触摸	禁止转动	禁止放易燃物
禁止用水灭火	禁止带火种	禁止吸烟

警告标志的图像和边框是黑色，背景是黄色。常见的警告标志有：

当心火灾	注意安全	当心感染
当心坠落	当心腐蚀	当心中毒

续表

当心吊物	当心触电	当心烫伤
当心扎脚	当心电缆	当心爆炸
当心伤手	当心机械伤人	当心绊倒
当心滑跌	当心车辆	当心坑洞
当心微波	当心激光	当心裂变物质
当心电离辐射	当心瓦斯	当心冒顶
当心塌方	当心弧光	当心落物

除了上面的两项外，还有命令标志，命令标志的图案为白色，背景为蓝色，是用来警示人们必须使用防护屏或佩戴个人防护用品。

必须加锁	必须系安全带	必须穿防护鞋
必须穿防护服	必须戴防护手套	必须戴安全帽
必须戴护耳器	必须戴防护帽	必须戴防毒面具

2. 设立安全标志注意事项

（1）标志牌一般应设立在与人的视线相平行的高度，但设立局部信息牌标志应根据实际情况决定，例如设立悬挂式和柱式的信息牌高度应在距离地面 2 米以上。

（2）安全标志牌应设立在与安全有关的、醒目的地方，这样才能吸引作业人员注意标志牌的警示内容。一般在有关场所的入口处和醒目处设立环境信息标识，在涉及危险的设备的相关局部部位或有安全隐患的地点设立局部安全信息标志。

（3）不应在门、窗、架等移动物体上设立安全标志，因为这些物体一旦移动，安全标志也就随之移动，作业人员很可能会看不见安全标志。另外，在安全标志前不应放置影响视线的障碍物。

（4）视线和标志牌平面之间的夹角应为 90°，即使观察者位于最大观察距离，夹角也应在 75°~90°之间。

（5）应保持标志牌所在的环境光线明亮，否则在昏暗的灯光下标志牌就不能发挥警示作用。

（6）如果多个标志牌设置的位置比较近，应按照警告、禁止、命令、提示的顺序依次排列。

（7）标志牌有柱式、附着式和悬挂式三种固定方式。为了保证这三种固定方式的牢固，应将柱式标志牌与支架牢固相连，附着式和悬挂式的固定处应牢固可靠，不倾斜。

（8）至少应每隔半年对安全标志进行全面检查，对出现褪色、破损、变形等问题的标志牌要尽快进行维修或更换。

附录五　常用危险品图标

图　案	说　明
爆炸品	● 文字：黑色 ● 底色：橙红色 ● 图形：正在爆炸的黑色炸弹
自燃物品	● 文字：黑色或白色 ● 底色：上半部白色，下半部红色 ● 图形：黑色火焰
易燃液体	● 文字：黑色或白色 ● 底色：红色 ● 图形：黑色或白色的火焰

图　　案	说　　明
	● 文字：黑色 ● 底色：红白相间的竖直宽条 ● 图形：黑色火焰
	● 文字：黑色或白色 ● 底色：红色 ● 图形：黑色火焰
	● 文字：黑色 ● 底色：蓝色 ● 图形：黑色火焰
	● 文字：黑色或白色 ● 底色：绿色 ● 图形：黑色或白色的气瓶

续表

图　案	说　明
	● 文字：黑色 ● 底色：白色 ● 图形：上半部分为黄底黑色三叶形，下半部分为一条垂直的红色宽条
	● 文字：黑色 ● 底色：白色 ● 图形：上半部分为黄底黑色三叶形，下半部分为两条垂直的红色宽条
	● 文字：黑色 ● 底色：白色 ● 图形：上半部分为黄底黑色三叶形，下半部分为三条垂直的红色宽条
	● 文字：黑色 ● 底色：白色 ● 图形：黑色骷髅头和交叉骨形

图　案	说　明
	● 文字：黑色 ● 底色：白色 ● 图形：黑色骷髅头和交叉骨形
	● 文字：白色 ● 底色：上半部分为白色，下半部分为黑色 ● 图形：上半部分两个试管中黑色液体分别向金属板和手上滴落
	● 文字：黑色 ● 底色：柠檬黄色 ● 图形：从圆圈中冒出的黑色火焰
	● 文字：黑色 ● 底色：柠檬黄色 ● 图形：从圆圈中冒出的火焰

参考文献

[1] 黄杰：《您为谁打工》，中国国际广播音像出版社，2007 年。

[2] 黄杰培训咨询网，www.huangjie.cn。

[3] 黄杰：《如何做一名出色的现场主管》，世图音像电子出版社，2005 年。

[4] 班组长培训网，www.banzuzhang.com。

[5] 汤晓华：《采购腐败猛于虎》，中国国际广播音像出版社，2007 年。

[6] 协利来制造业在线，www.xielilai.com。

[7] 买来利采购网，www.mailaili.com。

[8] 管理百科，www.glbk.cc。

[9] 题正义、张钦祥编著：《安全生产法规教程》，煤炭工业出版社，2005 年。

[10] 费学威主编：《生产经营单位安全生产标准化工作指南》，兵器工业出版社，2006 年。

[11] 胡才修、陈宝智：《安全生产管理培训教程》，东北大学出版社，2004 年。

[12] 田雨平等：《安全生产规范化管理与标准化作业读本》，中国电力出版社，2005 年。

[13] 王芳忠、刘伟中：《安全生产实用手册》，人民日报出版社，2005 年。

[14] 王海勇：《企业常见事故案例分析与控制》，气象出版社，2005 年。

[15] 查俊如、郑乐宪：《安全生产监督管理读本》，江西高校出版社，2006 年。

[16] 张荣生主编：《危险化学品安全技术》，化学工业出版社，2005 年。

[17] 吴宗之、卢鉴章：《安全生产事故案例分析》，煤炭工业出版社，2005 年。

[18] 刘铁民、张兴凯：《安生生产管理知识》，煤炭工业出版社，2005 年。

[19] 任树奎、刘铁民：《作业场所职业危害预防与管理》，中国劳动社会保障

出版社，2006 年。

[20] 中国安全生产科学研究院：《企业安全生产基本条件》，化学工业出版社，2006 年。

[21] 赵卫东：《安全生产行政执法实务》，煤炭工业出版社，2006 年。

[22] 谢光祥：《安全生产监管监察手册》，法律出版社，2006 年。

[23] 章昌顺、郝永梅、樊鑫：《车间主任安全生产培训教程》，气象出版社，2006 年。

[24] 李寿生、任寿奎：《现代安全理念和创新实践》，经济科学出版社，2006 年。

[25] 吴宗之：《安全生产技术》，中国大百科全书出版社，2006 年。

[26] 罗云：《安全生产指标管理》，煤炭工业出版社，2008 年。

[27] 李钢强：《安全生产条件评价理论》，东南大学出版社，2007 年。

[28] 张捧：《安全生产检查实务》，气象出版社，2007 年。

[29] 徐林：《安全技术与管理》，中国工人出版社，2008 年。

[30] 催政斌、王明明：《机械安全技术》，化学工业出版社，2009 年。

[31] 张之东：《安全生产知识》，人民卫生出版社，2009 年。

[32] 余华文、严德田：《企业安全生产管理实务》，安徽科学技术出版社，2008 年。

[33] 钱江、宋顺妙：《安全生产事故案例分析应用方法与答题技巧》，中国电力出版社，2008 年。

[34] 黎竹勋：《安全生产督导师培训教程》，中国劳动社会保障出版社，2008 年。

[35] 黄毅：《安全生产标准汇编》，煤炭工业出版社，2007 年。

后　记

当即将完成本书第二版的写作时，我除了心怀欣喜外，还多出一份担忧："班组长如何保安全"这个命题还有更多有待于我们去发现和解决的问题，这本书能不能帮助广大的生产基层干部们发现更多隐藏的生产管理忧患呢？

十多年的职业培训师和企业管理顾问工作，万余人次的培训、讲座，特别是近年来对国内许多企业运营系统的改善和成本压缩项目，使我对生产干部的素质和现实的要求有了更深层次的理解和认识。于是，便想与生产基层干部们一起分享自己对企业生产运营管理的一些新感悟。最终，便有了这本书的再版。

丰田人曾说过，他们的第一管理者是其企业的班组长。的确如此，在生产现场，班组长须时刻督促员工；班组长须时刻控制产品质量；班组长须时刻关注生产成本、生产进度、生产安全。除此之外，班组长还要时刻留意生产现场其他关乎生产管理的细枝末节。

如果班组长不负责任，如果班组长思维方式错了，如果班组长不会管理……那么，消费者、竞争对手、媒体一刻都不会停止对你的攻击，员工一天都不会停止抱怨。所以说，一般企业看高层队伍，优秀企业看中层队伍，卓越企业看基层队伍！

由此可见，班组长不仅是生产现场的监督者，而且对生产现场的状况和生产活动的结果负有直接责任。但是，班组长的位置却处在一个夹层中。既要传达上级的任务目标，又要让下级认可企业文化及其发展观。所以，班组长如何认真执行上级指令，并将生产指令传达下去，监督作业员如期、如质、如量、安全地完成生产任务，是班组长时时需要考虑的问题。

班组长在生产现场无疑需要直面每天都可能发生的不良品、货物混装、工伤事故以及交期延误等一系列问题。这些已经是生产管理中的难题了，如何处理这一系列问题是班组长的管理难点。对于制造大国的企业而言，塑造一流的现场管理队伍势在必行。否则，中国的制造业在世界中必将缺乏有效的竞争力。

为了给中国企业增添一分力量，希望此书的出版能给部分企业的生产干部一些参考、一些启示、一些思路及一些收获。

精益生产现场管理系列丛书并不意味着看完就成了生产管理专家，重要的是把工具、方法和思维运用到生活和工作中，多练多想多用，真正做到知行合一。同时，还要通过自身的言行影响和引导员工，培育员工素质，促使员工投入到生产运营和改善中来，进而形成整体的工作能力，降低成本、提高效率，推动企业和员工实现发展上的"双赢"，真正做到在共同建设和谐企业中共同享有，在共同享有和谐企业中共同建设。

总之，希望现场生产干部运用书中的思路、工具和方法打造一个赚钱的生产现场。

写到这里，充盈我内心的，还有感谢。

感谢父母对我的养育和教导，感谢在我成长过程中各阶段的领导对我的关怀和支持，感谢同事们对我的关照和帮助。

感谢朋友们对我的鞭策和激励，感谢广大学员和企业为我搭建了平台，使我真切感受到了生命的意义。感谢我所有的合作伙伴和培训咨询公司，也感谢所有接受过我服务和培训辅导的学员朋友们，感谢您们一直的支持与鼓励。

特别要感谢的是经济管理出版社的领导和勇生编辑。对本书的再版，他们提出了很多中肯的建议，使我受益匪浅。也特别要感谢四方华文的罗总及其公司其他同仁给予的帮助和支持。

我还要感谢我的妻子饶玉娥和家人。这是默默地，无需过多语言的欣赏和感动。

本书在写作过程中，参考了国内外同行们一些管理和生产运营方面的想法、案例和故事，在此一并表示感谢。

可以说，我再次倾尽全力地编写这本书，但是，不能回避的是，限于能力和水平，本书确实还有一些不当之处，还望广大读者不吝赐教。

我相信，成长是自然的。真诚地希望我们一起成长、进步，这也许是我们点燃生产运营管理火把的又一个开始。

期待广大读者的交流与分享。